Rebecca Brekau

In-vitro Modelle der chronischen Neurodegeneration

Rebecca Brekau

In-vitro Modelle der chronischen Neurodegeneration

Im murinen Prion-Modell

Reihe Realwissenschaften

Impressum / Imprint
Bibliografische Information der Deutschen Nationalbibliothek: Die Deutsche Nationalbibliothek verzeichnet diese Publikation in der Deutschen Nationalbibliografie; detaillierte bibliografische Daten sind im Internet über http://dnb.d-nb.de abrufbar.
Alle in diesem Buch genannten Marken und Produktnamen unterliegen warenzeichen-, marken- oder patentrechtlichem Schutz bzw. sind Warenzeichen oder eingetragene Warenzeichen der jeweiligen Inhaber. Die Wiedergabe von Marken, Produktnamen, Gebrauchsnamen, Handelsnamen, Warenbezeichnungen u.s.w. in diesem Werk berechtigt auch ohne besondere Kennzeichnung nicht zu der Annahme, dass solche Namen im Sinne der Warenzeichen- und Markenschutzgesetzgebung als frei zu betrachten wären und daher von jedermann benutzt werden dürften.

Bibliographic information published by the Deutsche Nationalbibliothek: The Deutsche Nationalbibliothek lists this publication in the Deutsche Nationalbibliografie; detailed bibliographic data are available in the Internet at http://dnb.d-nb.de.
Any brand names and product names mentioned in this book are subject to trademark, brand or patent protection and are trademarks or registered trademarks of their respective holders. The use of brand names, product names, common names, trade names, product descriptions etc. even without a particular marking in this work is in no way to be construed to mean that such names may be regarded as unrestricted in respect of trademark and brand protection legislation and could thus be used by anyone.

Coverbild / Cover image: www.ingimage.com

Verlag / Publisher:
AV Akademikerverlag
ist ein Imprint der / is a trademark of
OmniScriptum GmbH & Co. KG
Heinrich-Böcking-Str. 6-8, 66121 Saarbrücken, Deutschland / Germany
Email: info@akademikerverlag.de

Herstellung: siehe letzte Seite /
Printed at: see last page
ISBN: 978-3-639-78672-9

Cerebellum

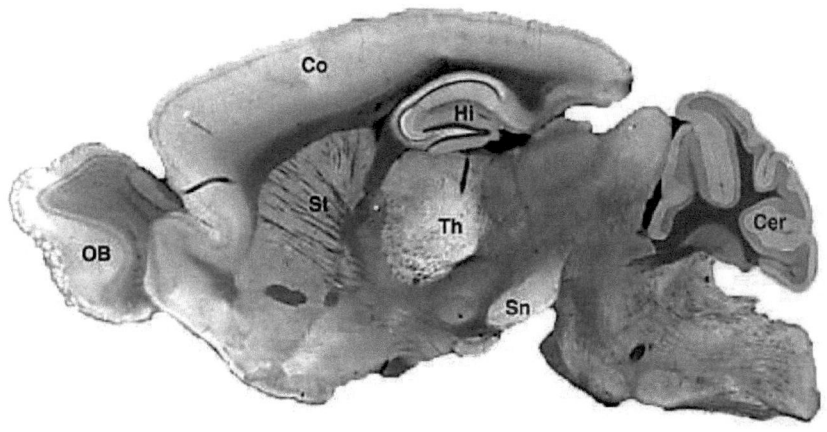

Klein, aber mit einem großen Potenzial und der Übernahme von wichtigen Funktionen, versteckt sich das Cerebellum, als Teil des Cerebrums, direkt hinter dem Telencephalon.

"Gesundheit schützen, Risiken erforschen"

Kurzfassung

In den frühen 20er Jahren des letzten Jahrhunderts wurden erstmals spongiforme Enzephalopathien (Prionerkrankungen) des Menschen von Hans Gerhard Creutzfeldt [1] und Alfons Jakob [2] beschrieben. Mittlerweile wurden viele weitere Krankheitsformen, wie z.b. die tödliche familiäre Schlaflosigkeit (FFI) oder das Gerstmann-Sträussler-Scheinker-Syndrom (GSS), entdeckt.

Im Tierreich hingegen wurde bereits schon vor über 200 Jahren die Traberkrankheit der Schafe (engl. *scrapie*) und die *bovine spongiforme encephalopathy* (BSE), eine bis 1985 unbekannte Erkrankung der Rinder, beschrieben. Damals wurden die ersten vereinzelten Fälle der Rinderkrankheit in England (UK) beobachtet [3].

Die vorliegende Arbeit beschäftigt sich mit *in-vitro* Modellen der chronischen Neurodegeneration. Zur Ergänzung der *in-vivo* Untersuchungen im murinen Prion-Modell, sollen verschiedene Zellkulturtechniken etabliert werden. Dafür wurden organotypische Hirnschnitte des Cerebellums aus P2RX$_7$-defizienten Maushirnen angefertigt und über mehrere Wochen kultiviert. Unter anderem soll in diesem System exemplarisch eine Prion-Infektion nachvollzogen werden können.

Es gilt herauszufinden, ob die Prion-Replikation *in-vitro* mit den *in-vivo* Befunden korreliert. Lassen sich darüber hinaus Unterschiede bzgl. der Neurodegeneration feststellen, die *in-vivo* nicht nachweisbar waren? Ergeben sich Hinweise auf eine direkte Neurotoxizität? Und zum Schluss: Könnte experimentell / „therapeutisch" interveniert werden?

Abstract

In the early 20s of last century spongiform encephalopathy (prion diseases) of humans was first described by Hans Gerhard Creutzfeldt [1] and Alfons Jakob [2]. Meanwhile, many other forms of diseases, such as the fatal familial insomnia (FFI) and Gerstmann-Sträussler-Scheinker-syndrome (GSS) were being discovered. In the animal kingdom, however, scrapie in sheep and bovine spongiform encephalopathy (BSE), a disease of cattle, which was unknown until 1985, was already indicated over 200 years ago. At that time, the first sporadic cases of bovine disease in England were being observed [3].

The present work deals with *in-vitro* models of chronic neurodegeneration. To complement the *in-vivo* studies in murine prion model, different cell culture techniques are being established. Therefore organotypic brain sections of the cerebellum from P2RX$_7$-deficient mouse brains are prepared and afterwards cultivated for several weeks. Among other things, a prion infection should be traced in this system.

It is to find out whether the prion replication *in-vitro* correlates with the *in-vivo* findings? Can differences in neurodegeneration that were not detectable *in-vivo*, be determined? Is there evidence of direct neurotoxicity? And finally: Is it possible to intervene experimentally/"therapeutically"?

Inhaltsverzeichnis

I   Tabellenverzeichnis

II   Abbildungsverzeichnis

III Abkürzungsverzeichnis

A	Abb.	Abbildung
	AD	Alzheimer-Erkrankung
	AK	Antikörper
	APP	Amyloid Precursor Protein
	APS	Ammonium Persulfate
	Aqua dest.	*Aqua destillata*
	ATP	Adenosintriphosphat
	Aβ	Amyloid-beta
B	BME	Basal medium eagle
	bp	Basenpaare
	bzgl.	Bezüglich
	bzw.	Beziehungsweise
C	CDP-Star	Disodium 2-chloro-5-(4-methoxyspiro {1,2-dioxetane-3,2'-(5'-chloro) tricyclo[3.3.1.13,7] decan}-4-yl)-1-phenyl phosphate
	cm	Zentimeter
	CO_2	Kohlenstoffdioxid
D	ddH_2O	Doppelt destilliertes Wasser
	Da	Dalton
	DAPI	4´,6-Diamidin-2-phenylindol
	DNA	Desoxyribonucleic acid
	DOC	Sodiumdesochycholate
	DTT	1,4 - Dithiothreit
	d.h.	Das heißt
E	ehem.	Ehemals
	EDTA	Ethylenediaminetetraacetic acid
	ER	Endoplasmatisches Retikulum
	ES	Embryonale Stammzellen
	EtOH	Ethanol
	et al.	*Et alii*
G	g	Gramm
	GBSS	Gey´s balanced salt solution
	GBSSK	GBSS mit Kynurenic acid
H	HS	Horse serum

	Hz	Hertz
	H2	Hans 2 (Antikörper)
I	IL-1	Interleukin-1
K	kDa	Kilo-Dalton
	KO	Knock-out
L	l	Liter
	LPS	Liposaccharide
M	m	Milli
	M	Molar
	mm	Millimeter
	mM	Millimolar
	mA	Milliampere
	MaMiPu	Magermilchpulver
	MEM	Minimal essential medium
	min	Minute
	ml	Milliliter
	mW	Megawatt
N	nm	Nanometer
O	O_2	Sauerstoff
P	PAMPs	Pathogen Associated Molecular Patterns
	PBS	Phosphate buffered saline
	PCR	Polymerase chain reaction
	PFA	Paraformaledehyd
	PI	Propidiumiodid
	PK	Proteinase K
	PrP^C	Zelluläres Prion Protein
	PrP^{SC}	Scrapie Prion Protein
	P/S	Penicillin/Streptomycin
R	rpm	Revolutions per minute
	RT	Raumtemperatur
S	SDS	Sodium dodecyl sulfate
	SDS-Page	Sodium dodecyl sulfate polyacrylamide gel electrophoresis

	sek	Sekunde
	StabW	Standardabweichung
	Std.	Stunde
T	Tab.	Tabelle
	TAE	Tris-Acetat-EDTA
	TBS	Tris Buffered Saline
	TLR	Toll-like Rezeptor
V	v	Volt
W	WT	Wildtyp
Z	ZNS	Zentralnervensystem
#	°C	Grad Celsius
	ü.N.	Über Nacht
	μm	Mikrometer
	μl	Mikroliter

1 Einleitung

1.1 Das Gehirn – eine komplexe Schaltzentrale

Das menschliche Gehirn, auch Cerebrum oder Enzephalon genannt, ist ein hochkomplexes Netzwerk von etwa 100 Milliarden Nervenzellen, die untereinander über Billionen von synaptischen Verbindungen interagieren. In erster Linie besteht die Aufgabe neuronaler Zellen darin, Informationen durch elektrische und biochemische Impulse weiterzuleiten. Dafür sind sogenannte Transmitter verantwortlich, welche den Prozess der Transmission einleiten [4].

Die Gesamtheit aller Nervenzellen bildet das Nervensystem (*Systema nervosum*). Dieses gliedert sich einerseits in das zentrale und andererseits in das periphere. Neurone im Gehirn und im Rückenmark bilden zusammen das zentrale Nervensystem (ZNS). Alle anderen Nervenzellen im Körper sind dem peripheren (PNS) zuzuordnen. Erkrankungen des Gehirns bedeuten auf Grund seiner Komplexität für die Medizin und Forschung stets eine große Herausforderung. Laut Bundesministerium für Bildung und Forschung leiden etwa 450 Millionen Menschen weltweit an Neurodegenerativen Erkrankungen. Des Weiteren kann den Statistiken der World Health Organization (WHO) zu globaler Krankheitslast und vorzeitigen Todesfällen entnommen werden, dass fünf der zehn häufigsten Erkrankungen aus diesem Bereich stammen [5].

1.2 Neurodegenerative Erkrankungen

Neurodegenerative Erkrankungen sind definiert durch einen langsam fortschreitenden Krankheitsverlauf im ZNS, der sporadisch oder erblich auftretenden kann. Hauptmerkmal ist der fortschreitende Verlust von Nervenzellen. Neurologische Symptome können unter anderem Demenz und Bewegungsstörungen sein.

Neurodegenerative Erkrankungen werden nach Mackenzie et al. [6] wie folgt in neun Gruppen eingeteilt:

Tab. 1: Neurodegenerative Erkrankungen

	Gruppe	Krankheitsbezeichnung
1	Tauopathien	• Morbus Alzheimer (AD) • Progressive supranukleäre Blickparese (PSP) • Kortikobasale Degeneration (CBD) • Silberkornkrankheit (AGD) • Frontotemporale Demenz und Parkinsonismus des Chromosoms 17 (FTDP-17) • Morbus Pick
2	Synukleinopathien	• Morbus Parkinson (PD) • Lewy-Körperchen-Demenz (LBD) • Multisystematrophie (MSA)
3	TDP-43 Proteinopathie	• Frontotemporallappen-Degeneration mit TDP-43 (FTLD-TDP)
4	FU Sopathien	• Frontotemporallappen-Degeneration mit FUS (FTLD-FUS) • *Neuronal intermediate filament inclusion disease* (NIFID) • *Basophilic inclusion body disease* (BIBD)
5	Trinukleotiderkrankungen	• Chorea Huntington (HD) • Spinobulbäre Muskelatrophie Typ Kennedy (SBMA) • Friedreich-Ataxie • Spinozerebelläre Ataxie (SCA) • Dentatorubro-Pallidoluysische Atrophie (DRPLA)
6	Motorneuronenerkrankungen	• Amyotrophe Lateralsklerose (ALS) • Primäre Lateralsklerose • Spinale Muskelatrophie (SMA)
7	Neuroaxonale Dystrophien	• Infantile Neuroaxonale Dystrophie (Seitelberger-Krankheit) • Neurodegeneration mit Eisenablagerung im Gehirn (NBIA)
8	Prionerkrankungen	• Creutzfeldt-Jakob-Krankheit (CJK) • Gerstmann-Sträussler-Scheinker-Syndrom (GSS) • Tödliche familiäre Schlaflosigkeit (FFI)
9	Unklassifiziert	• Frontotemporallappen-Degeneration mit Ubiquitin-Proteasom-System (FTLD-UPS) • Familiäre Enzephalopathie mit Neuroserpin-Einschlüssen

Laut dem Diagnoseklassifikationssystem der internationalen statistischen Klassifikation der Krankheiten und verwandter Gesundheitsprobleme (ICD) 10, Version 2013, lösen neurodegenerative Erkrankungen eine Beeinträchtigung sowohl des Kurz- und Langzeitgedächtnisses als auch des abstrakten Denkens und des Urteilsvermögens aus. Neuropsychologische Defekte, wie Aphasie (Sprachlosigkeit), Apraxie (Störung der Ausführung willkürlicher und zielgerichteter Bewegungen bei intakter motorischer Funktion) oder Agnosie (Aufmerksamkeitsstörungen oder kognitive Ausfälle) können nicht ausgeschlossen werden. Darüber hinaus kann solch eine Erkrankung zur Verminderung der Affektkontrolle und zur Störung des Antriebs und des Sozialverhaltens führen. Der allgemeine Mechanismus einer neurodegenerativen Erkrankung ist in Abb. 1 schematisch dargestellt. Filamentäre Ablagerungen können sowohl extra- als auch intrazellulär beobachtet

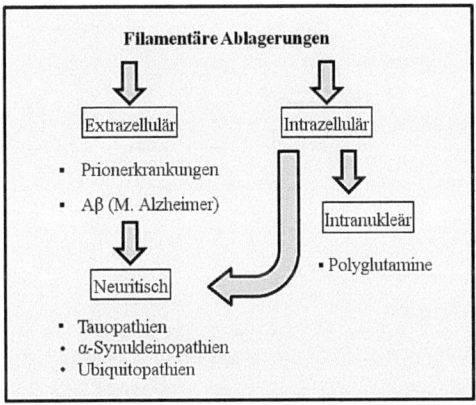

Abb. 1: Allgemeine Mechanismen der Neurodegeneration
Filamentäre Ablagerungen können sich entweder extra- oder intrazellulär anlagern. Der Weg entscheidet über das Ausmaß der Erkrankung [7].

werden. Im Falle einer Polyglutaminerkrankung sind diese vorherrschend intranukleär angesammelt. Intrazelluläre Ablagerungen können jedoch auch eine Entzündung eines oder mehrerer Nerven bzw. Nervenwurzeln hervorrufen und ähneln damit den extrazellulären Ablagerungen, welche für die neurodegenerativen Erkrankungen *Morbus Alzheimer* und Prionerkrankungen charakteristisch sind.

Neben den Krebserkrankungen zählen neurodegenerative Erkrankungen zu den häufigsten Todesursachen. Durch die stetige Zunahme der Lebenserwartung (Abb. 2), vor allem in den westlichen Nationen, stellen die spätmanifesten neurodegenerativen Erkrankungen ein in Zukunft nicht zu unterschätzendes Gesundheitsproblem dar. Aktuell wird von 1,4 Millionen Demenzerkrankungen in Deutschland ausgegangen, wobei 1 Million davon Alzheimer-Patienten betreffen [8].

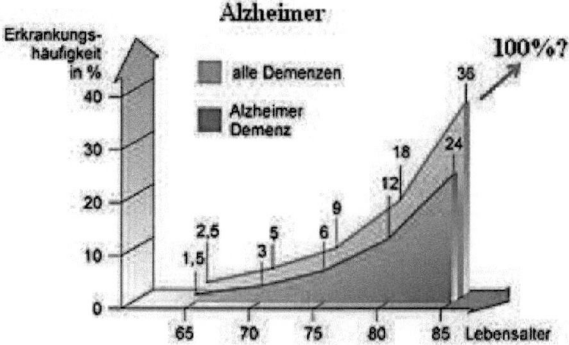

Abb. 2: Statistik zur Erkrankungshäufigkeit bei Demenz
Eine Verdreifachung der Prävalenz bis 2050. Erwartet werden mehr als 3 Millionen
Alzheimer-Patienten in Deutschland (Deutsche Alzheimer Gesellschaft).

1.3 Prionerkrankungen

Prionerkrankungen, auch spongiforme Enzephalopathien genannt, sind seltene und stets tödlich verlaufende Krankheiten, die das zentrale Nervensystem des Menschen, aber auch verschiedener Tierarten befallen können. Prion steht für *proteinaceous infectious particle* (eiweißartiges infektiöses Agens) und ist die Bezeichnung für den Erreger dieser Erkrankungen, bei dem es sich um ein fehlgefaltetes körpereigenes Protein handelt [9]. Filamentäre Ablagerungen sogenannter Prionproteine zerstören irreversibel Neurone (Abb. 3). Im Jahre 1920 entdeckten die beiden Ärzte Alfons Jakob und Hans Gerhard Creutzfeldt die gleichnamige und derzeit häufigste menschliche Prionerkrankung, die Creutzfeldt-Jakob-Krankheit (CJK) [1] [2]. In Deutschland treten jährlich 100 – 120 Neuerkrankungen auf. Dabei erkrankte ein geringer Prozentsatz in der Vergangenheit nach medizinischen Eingriffen,

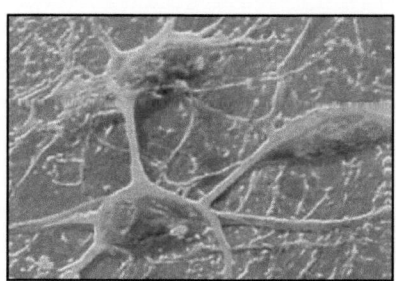

Abb. 3: Neurone
Zahlreiche Verbindungen zweigen vom Zellkörper ab, die den Kontakt zu anderen Neuronen für eine
Informationsweiterleitung herstellen.

wie Hirntransplantationen oder durch unzureichend gereinigte Injektionen (iatrogene CJK). Bei 10 – 15 % liegt eine familiäre CJK vor, die auf Mutationen im Prionproteingen beruht. Den Großteil mit 85 % stellt die sporadische CJK dar. Bei dieser auftretenden Form der CJK sind Ursachen und Risikofaktoren jedoch bislang unklar. Je weiter diese Erkrankung fortschreitet, desto mehr Neurone gehen zugrunde. Dadurch bekommt das Gehirn eine schwammartige (spongiforme) Struktur, welche repräsentativ für alle Prionerkrankungen ist [10].

Zwei bekannte Prionerkrankungen bei Tieren sind die Traberkrankheit der Schafe (Scrapie) und die bovine spongiforme Enzephalopathie (BSE) bei Rindern. Im Jahre 1994 trat in Großbritannien eine neue Variante der CJK (vCJK) im Menschen auf, welche in Zusammenhang mit BSE gebracht wird, da bei BSE-infizierten Rindern unter anderem auch der Erreger in großer Konzentration im Gehirn auftritt. Im Vergleich zur sporadischen CJK weist diese Form ein deutlich früheres *age at onset*, sowie eine langsamere Progression auf. Es wurde im Tierversuch gezeigt, dass Prionerkrankungen von kranken auf gesunde Tiere über eine Erregerinokulation sowie durch Verfütterung von infektiösem Gewebe übertragen werden können. Dabei handelt es sich jedoch nicht um Infektionskrankheiten durch den Kontakt mit Mikroorganismen bzw. durch das Eindringen von Erregern in den Organismus. Der wesentliche Teil des Erregers stellt ein abnorm gefaltetes Prionprotein und kein Bakterium oder Virus dar [11] [12]. Nach der Prionhypothese lagert sich das pathologische Prionprotein bei der sporadischen Variante im Gehirngewebe und im Nervenwasser ab, bei der vCJK in geringerem Maße auch im lymphatischen Gewebe.

Die Übertragbarkeit von Prionerkrankungen wurde erstmals in den 1950er-Jahren auf Papua-Neuguinea entdeckt. Die bezeichnete Erkrankung Kuru war für den Tod vieler Frauen und Kinder verantwortlich. Der Nobelpreisträger D. C. Gajdusek fand heraus, dass die Kurukrankheit durch einen Bestattungsritus innerhalb des Stammes verbreitet wurde, da vor allem Kinder und Frauen das Gehirn eines Verstorbenen aßen, damit dieser in ihrem Geist weiterleben konnte. Neben den typischen spongiformen Veränderungen im Gehirn, zeigten sich zusätzlich noch sogenannte Plaques. Im Hirngewebe waren Verklumpungen von Prionproteinen, die sich zu Fibrillen zusammengelagert haben, vorherrschend. Wegen der Inkubationszeit zwischen drei und vierzig Jahren treten heute noch gelegentlich Fälle auf, jedoch ist seit dem Verbot der kannibalistischen Riten ein deutlicher Rückgang zu verzeichnen. Das Ungewöhnliche der Prione ist, dass die Infektiosität auch nach einer Hitzebehandlung, wodurch z.B. Bakterien abgetötet werden oder nach einer Bestrahlung mit ultraviolettem Licht, welches beispielsweise Viren schädigt, weiterhin erhalten bleibt. Der

Neurologe Stanley Prusiner hat im Jahre 1982 erstmals die Hypothese aufgestellt, dass Prionerkrankungen nicht wie andere Infektionskrankheiten durch Viren oder Bakterien, sondern durch bestimmte Proteine hervorgerufen werden: ein proteinartiges infektiöses Partikel, kurz Prion [13].

Die physiologische Form des Prionproteins (PrP^C) kommt im Gehirn von Menschen, Säugetieren und Vögeln vor. Das fehlgefaltete Prionprotein (PrP^{Sc}) besitzt die Fähigkeit zur Bildung von Fibrillen, die sich im Hirngewebe ablagern. Kommt es zu größeren Verklumpungen, so werden diese als Amyloidablagerungen oder als Plaques bezeichnet. Ausschlaggebend ist dabei die räumliche Faltung der Aminosäurekette. Das PrP^C zeigt eine schraubenartig gewundene Alpha-Helix-Struktur, wohingegen das PrP^{Sc} eine fächerartige Beta-Faltblatt-Struktur einnimmt (Abb. 4). Die Gründe für diese pathologische Umfaltung des PrP^C sind bisweilen unbekannt. Fest steht jedoch, dass bei Zusammenführung von PrP^C mit PrP^{Sc} eine Umwandlung in das pathologische Molekül stattfindet. Wie jedoch die Proteinaggregation zu Stande kommt und ob weitere Anteile diesen Erreger ausmachen, ist noch nicht abschließend erklärt.

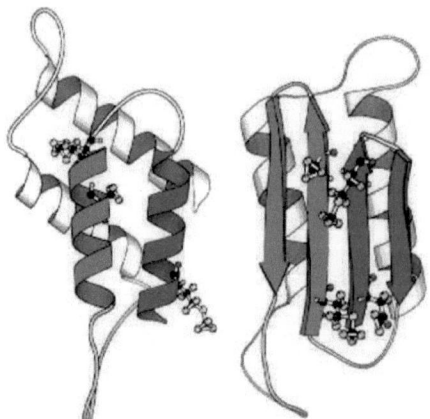

Abb. 4: Tertiärstruktur des Prionproteins
PrP^C als α-Helix (links)
PrP^{Sc} als ß-Faltblatt (rechts)

1.4 Das Krankheitsbild - *Morbus Alzheimer*

Die Alzheimer-Krankheit ist nach dem deutschen Neurologen Alois Alzheimer (1864 – 1915) benannt, die er erstmals am 03. November 1906 an der Patientin Auguste Deter wissenschaftlich beschrieben hat. Der größte Risikofaktor für diese Krankheit ist das Alter. Die Patienten sind kaum jünger als 60 Jahre. Je nachdem, welches Hirnareal betroffen ist, können verschiedene Krankheitserscheinungen als Folge einer großen Gewichts- und Volumenabnahme des Gehirns auftreten: Vergesslichkeit, Antriebslosigkeit, Depression, Wortfindungsprobleme, Orientierungsschwierigkeit und andere. A. Alzheimer stellte nach dem Tod seiner Patientin zwei Hypothesen auf: Proteinaggregate (Amyloid-Plaques) oder der Verlust von Neuronen führten letztendlich zum Tod [14]. Zum fortschreitenden Verlust der Neurone äußerten sich im Jahre 2006 die Wissenschaftler Palop und Chin [15].

Im Jahre 2010 erkrankten weltweit 36 Millionen Menschen an *Morbus Alzheimer*. Statistiken gehen von einer Verdreifachung bis zum Jahr 2050 aus [8]. Eine Studie aus dem Jahr 2010 von Wimo und Prince offenbart, dass insgesamt weltweit 604 Billionen Dollar für die Behandlung von Alzheimer-Patienten eingesetzt worden sind [16].

Intrazellular abgelagerte *tangles*, bestehend aus dem Protein Tau und die extrazellulär auftretenden Plaques, welche aus Amyloid Beta (Aβ), einem Peptid, welches durch die proteolytische Spaltung des Amyloids Vorläufer Protein (APP) entsteht, werden in den Zusammenhang mit *Morbus Alzheimer* gebracht. Das Mikrotubuli-assoziierte Protein Tau liegt abnormal phosphoryliert vor und bildet ein Aggregat innerhalb der Neuronen [17]. Durch den Verlust dieser Neurone wird der Neurotransmitter Acetylcholin in reduziertem Maße freigesetzt, und die Informationsweiterleitung wird gehemmt bzw. geht völlig verloren.

APP wird im Zellkern transkribiert und im Endoplasmatischen Retikulum, sowie im Golgi-Apparat modifiziert. Es stellt ein Transmembranprotein mit einer großen extrazellulären Domäne dar. In der Amyloid-Hypothese von Hardy und Higgins [18] wird die frühere Prozessierung über die Spaltung der Sekretasen erklärt. Es existieren zwei mögliche Spaltungswege, welche im Folgenden in Abb. 5 dargestellt sind:

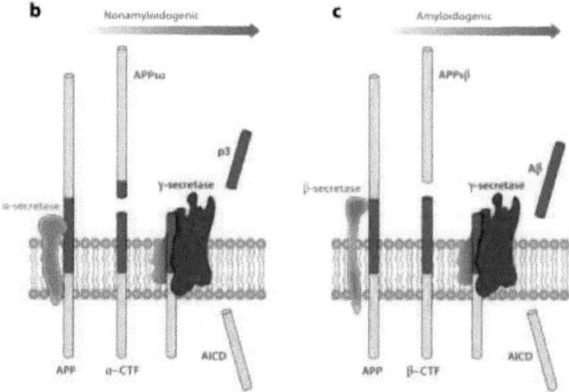

Abb. 5: Zwei Spaltungswege für die APP-Prozessierung
Im nicht amyloidogenen Weg wird APP durch die α- und γ-Sekretase gespalten. In der amyloidogenen Spaltung schneidet die γ- und β-Sekretase APP. In beiden Fällen werden die extrazellulären Fragmente (sAPPα und sAPPβ) generiert. APP entsteht über den amyloidogenen Spaltungsweg [19].

In dem nicht-amyloidogenen Prozess wird APP durch die Protease α-Sekretase zu der löslichen Form APPsα und dem α-C-terminalem Fragment (α-CTF) gespalten. Dieses wird wiederum von der γ-Sekretase in der Transmembrandomäne gespalten. Die β-Sekretase schneidet APP im amyloidogenen Weg. Das toxische Aβ und eine c-terminale Domäne werden dann durch die γ-Sekretase gebildet. Abhängig von der Spaltung der γ-Sekretase, entstehen Peptide mit unterschiedlichen Längen wie z.B. $Aβ_{40}$ und $Aβ_{42}$. Das pathogene Aβ, welches zur Neurotoxizität führt, wurde in unlöslichen Fibrillen und Oligomeren nachgewiesen [20].

Das Krankheitsbild *Morbus Alzheimer* wird unter anderem durch eine Mutation in dem Protein APP oder in den Präsenilinen, eine Familie von Transmembranproteinen, PS1 und PS2 hervorgerufen. Dabei kommt es entweder zu einem Anstieg von $Aβ_{40}$ oder $Aβ_{42}$ (Abb. 6). Präseniline bilden zusammen mit Nicastrin, PEN-2 und APH-1 den γ-Sekretasen-Komplex. Das bei dem Menschen auf dem Chromosom 14 liegende *PSEN1*-Gen kodiert das Protein PS1, wohingegen PS2 von dem Gen *PSEN2* kodiert wird, welches auf dem Chromosom 1 lokalisiert ist [21].

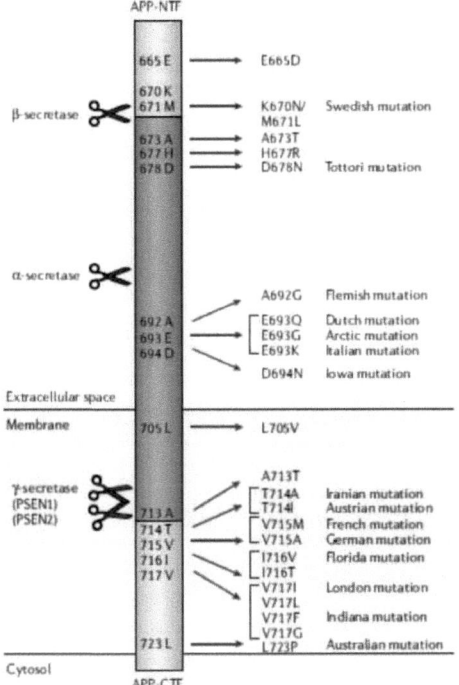

Abb. 6: Mutationen im frühen Krankheitsbeginn der AD
Genveränderungen finden sich oft in unmittelbarer Nähe zur Sekretase-Spaltungsstelle [22].

1.5 Die Interaktion von PrP und Aβ

Aufgrund extrazellulärer Ablagerungen von Amyloid, scheinen Prionerkrankungen und *Morbus Alzheimer* eine ähnliche Pathologie aufzuweisen. Die Wissenschaftler Westaway und Jhamandas konnten vier Übereinstimmungen zwischen PrP^{Sc} und Aβ zusammenfassen [23]. Am eindeutigsten ist dabei der Neuronenverlust, aufgrund toxischer Oligomere. Überprüft wurde die Annahme der Interaktion zwischen diesen beiden Proteinen von Lauren und Gimbel (Abb. 7). Sie analysierten die Qualität der synaptischen Plastizität mittels der Untersuchung der Langzeitpotenzierung (LTP) im Hippocampus der Maus [24]. Dabei stellte sich heraus, dass die LTP-Generierung durch Amyloid-Oligomere gehemmt wird, welche an PrP^C binden. Dieses Experiment lässt vermuten, dass PrP^C ein möglicher Rezeptor für Aβ ist. In *in-vivo* Analysen in einem weiteren Mausmodel zeigten jedoch, dass bei ausbleibender oder erhöhter Expression von PrP^C die hippocampale synaptische Plastizität nicht

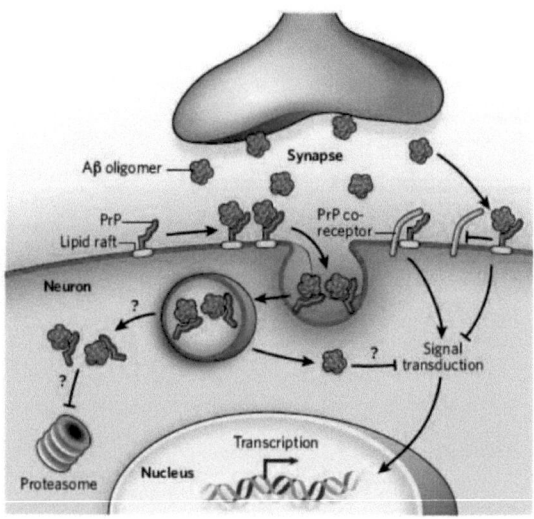

Abb. 7: Mögliche Interaktion zwischen den Proteinen Aβ und PrP
Eine Unterbrechung der Interaktion zwischen PrP^C und einem Co-Rezeptor, führt zur Störung der neuronalen Funktion. Nach Internalisierung des PrP^C–Aβ–Komplexes, kann Aβ die Proteasomfunktionen stören [25].

beeinträchtigt wurde [26]. Eine weitere Publikation hatte zum Ergebnis, dass PrPC einen Komplex mit dem N-methyl-D-aspartat Rezeptor (NMDAR) formt, welcher von Aβ unterbrochen wird und somit zur Neurodegeneration führt [27]. NMDAR wird durch den Komplex PrP^C und Aβ, welcher eine Kinase aktiviert, phosphoryliert. Dies wiederum führt zu einem Oberflächenverlust von NMDAR und beeinträchtigt die synaptische Funktion.

1.6 Die Rezeptorfunktion von P2RX$_7$ im Mausmodell

Dieser transgene Mausstamm eignet sich für Studien bzgl. Störungen in der Signalkaskade bei entzündlichen Prozessen (Interleukin-1β Prozessierung).

Der korrekte Stammname lautet: B6.129P2-*P2rx7*^{tm1Gab}/J. Dabei steht „Gab" für den Arbeitsgruppenleiter Christopher A. Gabel, in dessen Labor diese Linie erzeugt wurde. Mäuse, welche homozygot für das Zielallel sind, sind lebensfähig und fruchtbar und zeigen im Vergleich zum WT keinen veränderten Phänotyp oder ein auffälliges Verhalten.

P2X-Rezeptoren stellen Liganden-gesteuerte Ionenkanäle dar, von denen sieben Rezeptorsubtypen (P2X$_1$–P2X$_7$) existieren [28]. Charakteristisch sind die zwei Transmembrandomänen und eine große extrazelluläre Schleife, deren C-terminales Ende intrazellulär lokalisiert ist [29, 30, 31] (Abb. 8). Die extrazelluläre Schleife enthält eine ATP-

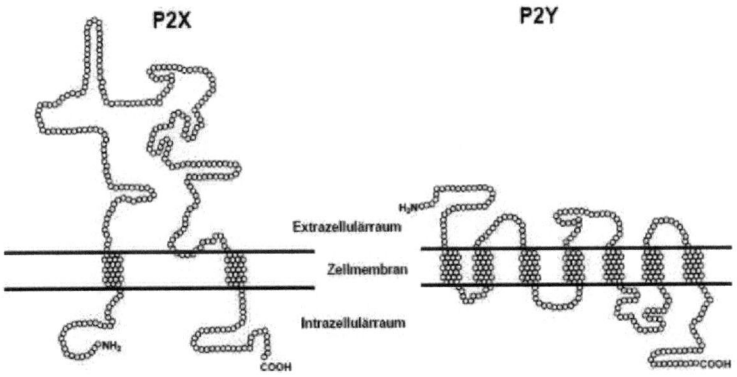

Abb. 8: Struktur von P2X- und P2Y-Rezeptoren
Liganden-gesteuerte Ionenkanäle (links) bestehen aus Proteinen mit zwei Transmembrandomänen und einer
großen extrazellulären Schleife. Das C-terminale Ende ist intrazellulär lokalisiert. Die G-Proteingekoppelten
Rezeptoren (rechts) besitzen diese Schleife und somit auch die ATP-Bindungsstelle nicht. Die Länge der
Phosphatketten ist dazu ausschlaggebend für die Affinität (nach: Universität Münster).

Bindungsstelle [32] und die Bindungsstelle für Antagonisten und Modulatoren [33, 34, 35].

Der P2X$_7$-Rezeptor ist ein ATP-gekoppelter Ionenkanal, welcher von Monozyten und
Makrophagen exprimiert wird. Im Gegensatz zu den anderen Subtypen, benötigt dieser
Ionenkanal zur Öffnung der Kanäle eine sehr hohe Konzentration an ATP (1mM). Bei den
anderen sind ≤ 100 µM für eine Aktivierung ausreichend.

Wird dieser Rezeptor inaktiviert, kann kein Genprodukt (mRNA oder Protein) mehr in seiner
vollen Länge detektiert werden, sodass auch kein extrazelluläres Interleukin-1β in Antwort
auf Adenosintriphosphat (ATP) produziert werden kann.

Interleukine stellen eine von mehreren Gruppen der Cytokine, auch Entzündungsmediatoren
genannt, dar. Diese Proteine regulieren das Wachstum und die Differenzierung von Zellen
mittels Wachstumsfaktoren und immunologischen Reaktionen. Das Interleukin-1 (IL-1) wird
von aktivierten Monozyten und Makrophagen produziert und ist für die Aktivierung von
Signalkaskaden sowie für die Hochregulation entzündlicher Mediatoren verantwortlich. Sein
Genprodukt ist unter anderem das aus 266 Aminosäuren bestehende IL-1β (30,75 kDa). Um
in seine aktive Form (17 kDa) zu gelangen, muss dieses Propolypeptid erst durch die
Caspase-1 gespalten werden. Erst dann kann dieses cytoplasmatische Protein sezerniert
werden [36]. Die Caspase-1 wird wiederum durch das sogenannte Inflammasom aktiviert.
Dies ist ein Teil des angeborenen Immunsystems und umfasst als ein Proteinkomplex unter
anderem die Proteine NLRP3, NLRC4, AIM2, NLRP6. Seine Aufgabe ist es, Stress- und

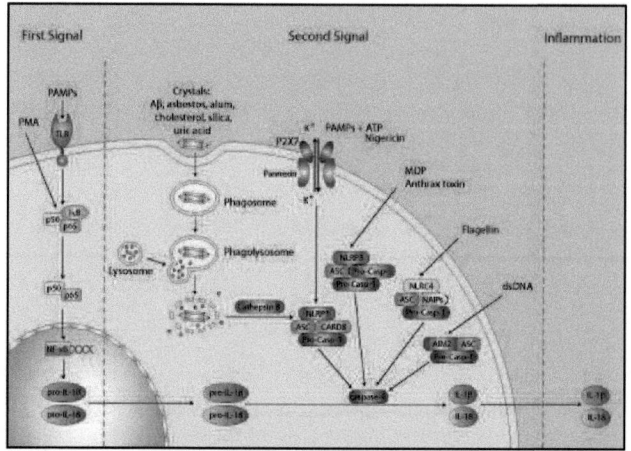

Abb. 9: Aktivierung des Inflammasoms
Das Inflammasom wird unter anderem mittels TLR′s und dem Pannexin aktiviert (verändert nach:
Inflammasoms Review. Invitrogen, 2012).

Entzündungssignale zu erkennen und die Caspase-1 zu aktivieren. In der Abb. 9 sind die
Positionierung und der Wirkungsweg dieses Rezeptors dargestellt. Die Aktivierung des
Inflammasoms erfolgt unter anderem via TLR′s (engl. *toll-like receptor*), eine Struktur des
sogenannten angeborenen Abwehrsystems. Diese Art von Rezeptoren dienen der Erkennung
von PAMP′s (engl. *Pathogen-associated molecular patterns*). Dies sind Strukturen, welche
ausschließlich auf oder in Krankheitserregern vorkommen und die entsprechende Aktivierung
von Genen steuern. Allein durch die TLR′s ist das angeborene Abwehrsystem in der Lage
zwischen „körpereigen" und „körperfremd" zu unterscheiden. Des Weiteren sorgt das
Strukturprotein Pannexin für die Bildung der ATP-abhängigen-Ionenkanäle und trägt zur
Ausschüttung von IL-1 bei. Erst nach Einstrom von z.B. Kalium in das Zellinnere über diese
Rezeptoren, können die Proteinkomplexe des Inflammasoms aktiviert werden und somit auch
die Caspase-1.

1.7 Kultivierungstechnik von Gehirnschnitten

Im Jahre 2006 konnten Forscher unter der Leitung von Gogolla [37] ein Protokoll für die
Kultivierung von organotypischen Schnitten etablieren, welche Untersuchungen der Struktur
und der Funktion von biologisch relevanten neuronalen Schaltkreisen in einem nicht-
invasiven Weg erlauben. Dabei wurden die Gehirnregionen des Hippocampus, Cerebellums,

Hypothalamus und Thalamus weitgehend erforscht. Weniger Informationen hingegen stehen unter anderem von Cortex, Hirnstamm und Rückenmark zur Verfügung.

Mit dieser Form der Untersuchung ist es möglich, die Organisation der zellulären Architektur *in-vivo* nachzuvollziehen und gegebenenfalls Manipulationen an Neuronen und Synapsen vorzunehmen. Des Weiteren kann die Reifung der Schnitte innerhalb der Zellkultur nachvollzogen und untersucht werden. Trotz einer umfangreichen Voruntersuchung der Physiologie, welche umfangreiche Gemeinsamkeiten zu den *in-vivo* Schnitten zeigte, sollten die geringeren Abweichungen nicht außer Acht gelassen werden.

Die Kultivierung über einen definierten Zeitverlauf zeigt ein Zeitprofil mit einem hohen Grad an Differenzierung. Wegen der Schnittdicke von 350 μm kann die dreidimensionale Struktur erhalten bleiben. Aufgrund der Vielzahl an Vorteilen, stellte sich heraus, dass unter anderem auch die neuronale Reizbarkeit bewahrt wird. Unmittelbar und in einem Zeitverlauf von ca. einer Woche zeigen die Schnitte eine hohe Reduktion an synaptischer Konnektivität. Diese stabilisiert sich jedoch nach zwei bis drei Wochen wieder auf ein vergleichbares *in-vivo* Level [38]. Damit erreicht diese Form der Untersuchung eine hohe Bandbreite an Möglichkeiten für die Erforschung der Mechanismen, welche den Aufbau und die Funktion von neuronalen Schaltkreisen kontrollieren. Einige davon könnten Zeitrafferaufnahmen über einen definierten Bereich von individuellen Molekülen; von neuronalen- [39, 40, 41, 42] oder Gliasubtypen [43] sein. Andere könnten sich auch auf die molekulare Manipulation mittels Transfektion [44, 45] beziehen oder virale Ansätze [46, 47] für eine Überexprimierung oder Herunterregulation untersuchen.

In dieser Arbeit wurde das vorgestellte Protokoll mit Mäusen zwischen 10 und 13 Tagen durchgeführt. Jüngere Tiere sind nicht geeignet, da in der frühzeitigen Entwicklung eine enorme neuronale Migration auftritt und große Umordnungen von statten gehen [48]. Bei adulten Tieren hat sich gezeigt, dass diese eine zu geringe Lebensfähigkeit aufweisen [49]. Ein weiterer großer Vorteil dieser Technik ist, dass die Möglichkeit der Präparation von Mäusen mit beliebigem genetischem Hintergrund besteht [50].

Die Gehirnschnitte wurden auf einem semiporösen Membran-Einsatz („insert"), welcher auch „interface culture" genannt wird [50], kultiviert (Abb. 10). Neben der kontinuierlichen Versorgung der Schnitte mit Kulturmedium, mussten diese auch in einer mit CO_2-angereicherten Atmosphäre wachsen. Eine überaus vorsichtige Handhabung musste gewährleistet sein, da die Schnitte sehr anfällig auf Kontaminationen sind. Eine alternative Methode, welche jedoch nicht in dieser Arbeit angewendet wurde, ist die „roller tube

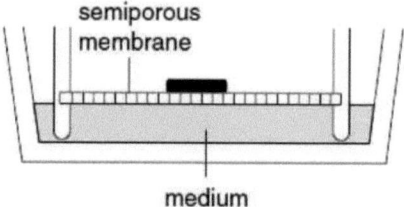

Abb. 10: Kultivierung mittels interface-Methode
Schnitte des Cerebellums werden auf einer semiporösen Membran platziert und mit Kultivierungsmedium
versorgt [38].

technique" [38], in welcher die Schnitte zu einer Monoschicht abflachen. Der Zelltod kann entweder mit einer TUNEL-Färbung [51] oder mit der Aufnahme des Farbstoffs Propidium Iodid [52] detektiert werden.

Diese Studie fokussiert sich auf die Kultivierung von Schnitten des Cerebellums, eine Technik, welche von Falsig und Aguzzi [53] entwickelt worden ist, um in erste Linie die Prion-Replikation untersuchen zu können.

1.8 Intention dieser Studie

Angeregt von vorausgegangenen Arbeiten, welche sich unter anderem mit die Erforschung der Erkrankung *Morbus Alzheimer* hinsichtlich der Funktionalität des Rezeptors CXCR3 in einem Prionmodell der Maus beschäftigt haben [54], stellt diese Arbeit eine *in-vitro* Vergleichsstudie im murinen Prionmodell zwischen dem Knock-out P2RX$_7$ und dem Wildtypen Bl6 dar. Das im Vorfeld etablierte *ex-vivo* Modell für die Untersuchung der Prion-Replikation sollte optimiert und die postnatale Infektion der Gehirnschnitte untersucht werden. Dabei wurden im Vorfeld definierte Zeitspannen von einer bis vier Wochen bzw. fünf Monaten eingehalten. Die Vergleiche sollten umfassend durch verschiedene Analysen ausgehend von der Kultivierungstechnik von organotypischen Gehirnschnitten untersucht werden. Zum einen wurde ein sogenannter PI-Assay durchgeführt, welcher durch die Aufnahme von Propidiumiodid den Zelltod visualisieren sollte. Zum anderen wurden die Gehirnschnitte auf verschiedene Art und Weise angefärbt (Marker: GFAP, Iba-1 und NeuN), um Veränderungen in den Astrozyten, Mikroglia und Neuronen feststellen zu können. Zusätzlich durchgeführte Westernblots sollten einen Aufschluss darüber geben, in wie weit eine Ablagerung von dem pathogenen Prionprotein PrP^{Sc} vorhanden ist. Die zum Schluss durchgeführte Überprüfung der Nestbau-Aktivität der beiden Mausstämme sollte einen Eindruck von eventuellen Verhaltensbeeinträchtigungen vermitteln.

2 Material und Methoden

2.1 Materialien

2.1.1 Tiere

WT (C57BL/6) Bundesinstitut für Risikobewertung (BfR), Berlin

P2RX$_7$ (B6.129P2-P2rx7^{tm1Gab}) The Jackson Laboratory, Maine

2.1.2 Geräte

Tab. 2: Geräteliste

Gerät	Hersteller
Absauger	Robert Koch-Institut
Bechergläser	SCHOTT Duran
Blaudeckelflaschen	SCHOTT Duran
(CO_2)Brutschrank	Heraeus Instruments
Digital-Kamera	Casio
Elektrophoresekammer „PowerPac ^{TM}"	Bio Rad
Entwicklermaschine	Kodak
Epifluoreszenz-, Lasermikroskop „LSM 780"	Zeiss
Fluoreszenzmikroskop „Axioskop 40"	Zeiss
Gefrierschrank (-20°C)	Bosch
Gelelektrophoresekammer „Mini-Protean® Tetra System	BioRad
Kühlschrank	Liebherr
Lamina	Heraeus Instruments
Mikroskop „SMZ-168 Series"	Motic®
Mikrowelle „Micromat_Duo"	AEG
pH-Meter „765 Calimatic"	Knick
PCR „T3 Thermocycler"	Biometra®
Präparationsbesteck	Hammacher GmbH
	Inox
	Hauptner
Präzisionswaage „Adenturer™"	Ohaus®

Rührer	IKA®-Labortechnik
Schwenkplatte 3016	Gesellschaft für Labortechnik mbH
Schwenkständer	Heidolph
Thermomixer „compact"	Eppendorf
Waage „E2000D"	Sartorius Weighing Technology GmbH
Wasserbad „Paratherm, U2 electronic"	Julabo
Vibratom „VT1000S"	LEICA Mikrosysteme Vertriebs GmbH
Vortexer „VF2"	Janke & Kunkel GmbH & Co. KG
Zentrifuge „Biofuge, pico"	Heraeus Instruments

2.1.3 Reaktionsgefäße

Tab. 3: Reaktionsgefäße

Reaktionsgefäße	Hersteller
Falkon 15 ml, 50 ml	TPP
PCR Stripes (8er-Soft-Stripes, 0,2 ml)	Biozym Scientific GmbH
Reaktionsgefäße (Eppis, 1,5 ml)	Eppendorf
6, 24, 96-well-Platten	TPP
Zellkultur „Inserts" (6-well)	Millicell®

2.1.4 Verbrauchsmaterialien

Tab. 4: Verbrauchsmaterialien

Verbrauchsmaterialien	Hersteller
Blotmembran „PVDF"	Millipore
Deckgläschen (20 x 20 mm)	Roth
Filterpapier (200 x 200 mm)	Schleicher & Schuell
Handschuhe (Latex)	Sänger
Handschuhe (Nitril)	Roth
Nestlets	Bioscape (ehem. EBECO)
Objektträger (25 x 75 x 1,0 mm)	Thermo Scientific
Parafilm® M	Bemis®
Pasteur Pipetten	Volac

Petrischalen (ø 60 mm)	Greiner
Pipetten	Eppendorf, Gilson
Reaktionsgefäßständer	Brand
Spitzen	ART, Eppendorf, VWR
Sterilfilter TPP („rapid" 500)	Biochrom
Zellschaber	TPP

2.1.5   Chemikalien

Tab. 5: Chemikalien

Chemikalien	Hersteller
Acrylamide (Rotiphorese Gel 40)	Roth
Agarose	Roth
Agarose Low Melt	Roth
APS	BioRad
Bromphenolblau	Serva
CDP Star	Roche Diagnostic
DOC	Merck
DTT	Roth
EDTA	Merck
Ethidiumbromid	Roth
Ethanol	Roth
Glukose	Merck
Glycerol	Roth
Glycin	Roth
Magermilchpulver	Roth
Mercaptoethanol	Sigma
Methanol	Robert Koch-Institut
Nonidet (NP40)	AppliChem
PBS	Robert Koch-Institut
PFA	Roth
SDS	Serva
TBS	Robert Koch-Institut

TEMED	Roth
Tris	Sigma
Tween-20	Roth

2.1.6 Puffer und Lösungen

2.1.6.1 Genotypisierung

Lösung A: 25 mM NaOH, pH 12,0, 0,2 mM EDTA

Lösung B: 40 mM Tris-HCl, pH 5,0

TAE-Puffer: 4,84 g/l Tris, 0,372 g/l EDTA pH 8,5, 1,14 ml/l Glacial Acetic Acid

Tab. 6: Primer für PCR

Mausmodell	Forward Primer	Reverse Primer	Fragmentgröße
$P2RX_7$ KO	5'-TGGACTTCTCCGACCTGTCT-3'	5'-TGCTTACAGGTGCTATGCCA-3'	280 bp
Bl6 WT	5'-CTTGGGTGGAGAGGCTATTC-3'	5'-GATCTCCTGTCATCTCACCT-3'	363 bp

PBS   137 mM NaCl, 2,7 mM KCl, 8 mM Na_2HPO_4, 1,5 mM KH_2PO_4, pH 7,2

TBS   150 Mm NaCl, 50 mM Tris-HCl, pH 7,4

TBS-T   150 mM NaCl, 50 mM Tris-HCl, 0,05% Tween-20, pH 7,4

2.1.6.2 SDS-Gele

Elektrophorese-Puffer   192 mM Glycerol, 25 mM Tris-HCl, 0,1 % SDS, 4x LPP, 250 mM Tris-HCl, 40 % Glycerol, 20 % 2-Mercaptoethanol, 8 % SDS, 0,05 % Bromphenolblau, pH 6,8

Sammelgel-Puffer   0,5 M Tris, pH 6,8

Trenngel-Puffer   1,5 M Tris, pH 8,8

Sammelgel   6,14 ml ddH$_2$O, 2,5 ml Sammelgel-Puffer, 1,25 ml Acrylamid, 50 µl 20 % SDS, 50 µl 10 % APS, 10 µl TEMED

Trenngel   4,3 ml ddH$_2$O, 2,5 ml Trenngel-Puffer, 3,1 ml Acrylamid, 50 µl 20 % SDS, 30 µl 10 % APS, 10 µl TEMED

2.1.6.3 Western Blot

Assay-Puffer	1 M NaCl, 1 M Tris, pH 9,5
Blot-Puffer	48 mM Tris, 38 mM Glycin, 0,037 % SDS, pH 9
Blocking-Lösung	3 % Magermilchpulver in 1x TBS-T
Lämmli-Elektrophorese-Puffer	250 mM Tris, 1 % (w/v) SDS, 1,92 M Glycin, pH 8,7
LPP (2x)	0,125 M Tris, 4 % SDS, 20 % Glycerin, 0,05 % Bromphenolblau, 10 % Mercaptoethanol, pH 6,8
Stripping-Puffer	100 mM NaOH, 2 % SDS, 0,5 % DTT

2.1.6.4 Organotypische Schnitte

BME	Gibco
D (+) - Glukose	NeoLab, Migge Laborbedarf, wasserfrei
GBSS	Sigma
Glutamax	Gibco
Kynurenic Säure	Sigma
MEM	Gibco, [+] L-Glutamine, [+] Earle´s
Pferdeserum	Biochrom AG

Glukose	45 %ig
Kulturmedium	100 ml 2x MEM, 100 ml BME, 100 ml Pferdeserum, 4 ml Glutamax, 4 ml P/S, 5,5 ml Glukose, 86,5 ml ddH$_2$O, pH 7,2
Lysis-Puffer	0,5 % DOC, 0,5 %Nonidet in PBS

2.1.6.5 Histochemische Färbungen

PFA	Roth
TX-100	0,5 % in PBS
Blocking Puffer	20 % BSA, 0,3 % TX-100 in PBS
BSA	5 % in PBS
Aqua Poly/Mount	Polysciences, Inc. / Cat # 18606
Dapi (Kernfarbstoff)	Stammlsg. 1 mg/ml, Sigma

2.1.7 Antikörper

Tab. 7: Primäre AK

Antikörper	Abstammung	Verdünnung (µl)	Hersteller
H2 (Polyklonal, Anti PrP-AK)	Kaninchen	1:5000	Robert Koch-Institut
GFAP-Cy3 (Monoklonal)	Maus	1:200	Sigma
Iba-1 (Monoklonal)	Kaninchen	1:200	Wako
NeuN (Monoklonal)	Maus	1:100	Chemicon
Actin (Monoklonal)	Human, Maus	1:5000	Sigma

Tab. 8: Sekundäre AK

Antikörper	Abstammung	Verdünnung (µl)	Hersteller
ZaR-AP	Ziege anti Kaninchen	1:5000	Dianova
EaK-Cy3	Esel anti Kaninchen	1:250	Dianova
EaM-Cy3	Esel anti Maus	1:250	Dianova
ZaM-AP	Ziege anti Maus	1:5000	Dako

2.1.8 Enzyme und Kits

Pierce® BCA Protein Assay Kit   Thermo Scientific, Lot # OE188119

Proteinase K   Roche

2.1.9 Marker

MagicMark™ XP Western Protein Standard   Invitrogen

DNA-Marker 100Bp-Leiter   Roth

2.2 Methoden

2.2.1 Genotypisierung

Für eine Genotypisierung wurde die DNA mittels Schwanzspitzen bestimmt. Diese wurden mit 100 µl von der Lösung A bei 95 °C für 20 Minuten inkubiert Daraufhin erfolgte die Zugabe von Lösung B, in welche die Proben gevortext und für 6 Minuten bei 8000 rpm zentrifugiert wurden. Der Überstand wurde abgenommen und in ein sauberes Eppendorf Gefäß übertragen. 0,5 µl DNA, geeignete Primer und die Zusammensetzung des Mastermixes wurden für die PCR eingesetzt. Als Größenstandard diente der DNA-Marker 100Bp-Leiter (Abb. 11).

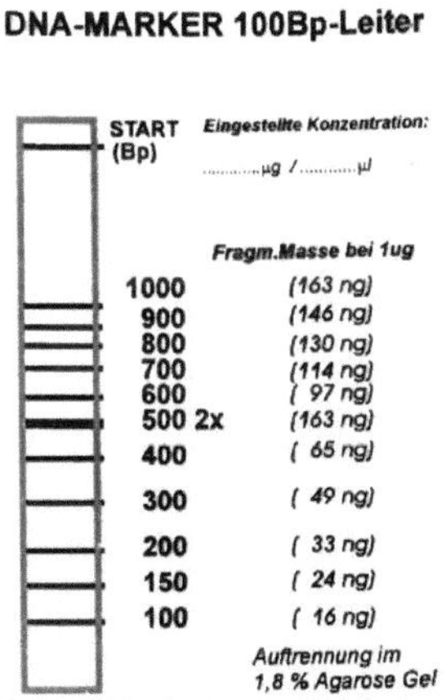

Abb. 11: DNA-Marker 100Bp-Leiter

Des Weiteren wurden folgende Komponenten und Parameter für die PCR eingestellt:

Tab. 9: PCR-Komponenten

Volumen (µl)	Komponente
7,9	ddH$_2$O
0,5	DNA
0,8	Primer Vorwärts
0,8	Primer Rückwärts
10,0	2x Master Mix mit GC-Puffer

Tab. 10: PCR-Parameter

P2RX₇ & Bl6	
Temperatur in °C	Zeit
94	3 min
94	30 sek
60	60 sek
72	1 min
72	2 min
4	∞

2.2.2 Agarose Gel Elektrophorese

Um DNA-Fragmente analysieren zu können, werden diese in einem angelegten elektrischen Feld aufgetrennt. Das negativ geladene Phosphat-Rückgrat der DNA wandert dabei zur positiv geladenen Kathode.

Die Agarose wurde in TAE gelöst, auf eine Konzentration von 2 % eingestellt und 10 µl von dem Farbstoff Ethidiumbromid (EtBr) hinzugegeben. EtBr ist ein roter Phenanthridin-Farbstoff. Er besitzt die Eigenschaft, dass einzelne EtBr-Moleküle zwischen den Basen der DNA interkalieren können, wodurch sich das Anregungsspektrum von EtBr verändert und so die Fluoreszenz der Substanz bei Anregung mit ultraviolettem Licht stark erhöht wird. Auf diese Weise leuchten im Agarosegel die Stellen, an denen sich Nukleinsäuren befinden, hell auf, während Stellen ohne Nukleinsäuren dunkel erscheinen [55].

Die Trennung der Proben im Agarosegel erfolgte bei 100 V für 20 bis 30 Minuten.

2.2.3 Präparation von Gehirnschnitten

Schnitte des Cerebellums wurden von ca. 14 Tage alten Mäusen hergestellt, wie dem Protokoll von Falsig und Aguzzi [53] zu entnehmen ist.

Die Mäusen wurden dekapiert, das Gehirn entnommen und das Kleinhirn präpariert (Abb. 12).

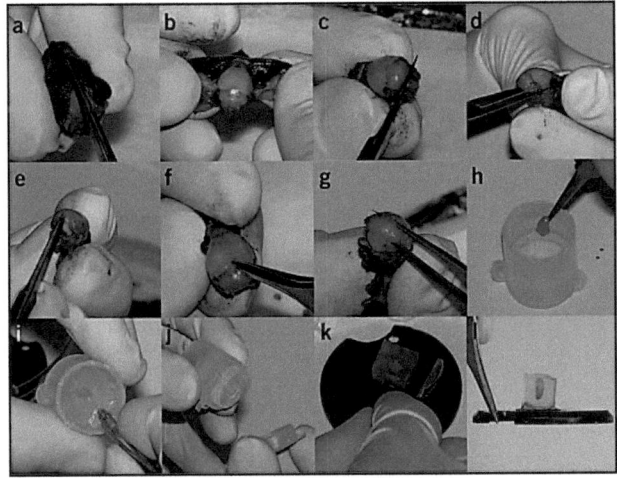

Abb. 12: Präparation des Cerebellums
(a) Nach der Abtrennung des Kopfes, wird der Schädel entlang der Mittellinie aufgeschnitten. (b) Das Gehirn wird sichtbar. (c) Der Hirnstamm wird entfernt. (d) Der Schädel wird am Rückenmarkseingang aufgeschnitten. (e) Die Orientierung verläuft entlang der Mittellinie. (f) Die Schädeldecke wird vorsichtig mit Pinzetten entfernt. (g) Das Kleinhirn wird heraus- bzw. abgetrennt. (h) Das Cerebellum wird in einem Deckel mit Agarose eingebettet. (i) Nach Erhärtung wird die Agarose aus dem Deckel entfernt. (j) Ein Block wird aus der Agarose herausgeschnitten. (k) Dieser Block wird auf eine Scheibe des Vibratoms geklebt. (l) Scheibe inklusive Agarose-Block werden in das Gerät eingespannt [53].

Das Cerebellum wurde bis zur Weiterverarbeitung auf Eis und ständig im Präparationsmedium gehalten. Alle Schnitte wurden in einem Deckel eines 50 ml Falkon Rohrs in Ultra Pure™ LMP Agarose (2 %ig) eingebettet und dabei senkrecht positioniert. Die Agaroseblöcke wurden einzeln auf eine für das Vibratom geeignete Scheibe geklebt. Für die Herstellung der Gehirnschnitte wurde eine Schnittdicke von 350 µm eingestellt. Die Schneidefrequenz lag bei 6,7 Hz mit einer Schneidegeschwindigkeit von 6, welche 1,55 mm/s entsprachen. Im Folgenden ist dieses Gerät graphisch dargestellt (Abb. 13, 14).

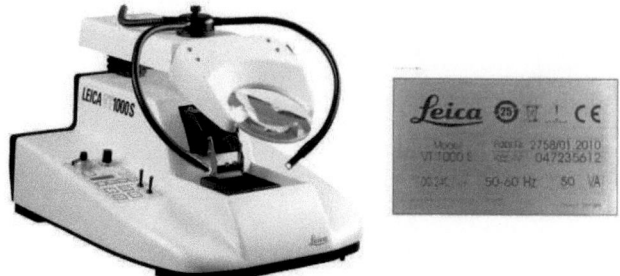

Abb. 13: Vibratom Leica „VT1000S"
Herstellung von Gehirnschnitten. Insbesondere zum Schneiden von fixiertem oder unfixiertem Frischgewebes
unter Puffer.

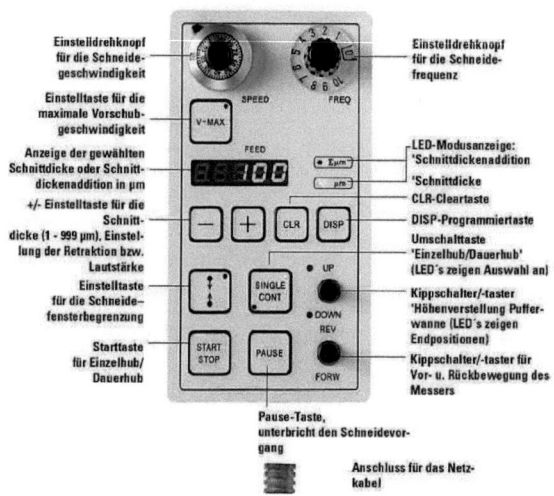

Abb. 14: Geräteeigenschaften des Vibratoms „VT1000S"

Nach der Zerschneidung musste die verbliebende Agarose von den einzelnen Schnitten unter
dem Mikroskop „SMZ-168" mittels Pinsel wieder entfernt werden.

Zur weiteren Behandlung war eine konstante Temperatur von 4 °C von Nöten. Die Schnitte
wurden in einer Petrischale gesammelt und mittels einer sterilen Glaspasteurpipette einzeln in
einen Millicell-CM-Einsatz einer 6-Loch Platte transferiert, in welcher pro Loch 1 ml
Kulturmedium hinzugegeben wurde. Die Kultivierung erfolgte bei 37 °C, 5 % CO_2 und für
eine definierte Zeitspanne. Das Kulturmedium musste dreimal innerhalb einer Woche
gewechselt werden.

2.2.4   Prioninfektion

Die Schnitte wurde mittels steriler Glaspasteurpipette in eine 24-Loch-Platte transferiert. Es erfolgte die Zugabe von 400 µl GBSSK und 100 µl Hirnhomogenat von 139A-infizierten Mäusegehirnen. Dabei war das nicht infizierte N-Homogenat von dem pathogenen S-Homogenat zu unterscheiden. Die Inkubation erfolgte bei 4 °C für 1 Stunde. Die Hirnschnitte wurden zweimal mit GBSSK gewaschen und in eine 6-Loch-Platte für die weitere Kultivierung übertragen.

2.2.5   PI-Assay

Um eine Aussage bezüglich der Lebensfähigkeit von Gehirnschnitte in der Zellkultur treffen zu können, wurden die Schnitte mit dem Nukleinsäureinterkalator Propidium Iodid (10 µg/ml) in Kulturmedium für 2 Std. bei 37 °C inkubiert. Dabei wird die perforierte Zellmembran von toten Zellen, jedoch nicht die intakte Membran von lebenden Zellen durchdrungen. PI hat ein Absorptionsmaximum bei 488 nm und ein Emissionsmaximum bei 590 nm. Diese Maxima verschieben sich zu 535 nm bzw. 617 nm, wenn PI in der DNA interkaliert [56].

Schnitte, welche als Positiv-Kontrolle fungierten, wurden mit 5 µM Staurosporin für 48 Std. behandelt, wohingegen das Gewebe für die Negativ-Kontrolle lediglich im Kulturmedium verblieb. Staurosporin ist ein Proteinkinaseinhibitor, welcher die Apoptose über die Aktivierung des intrinsischen Signalweges induziert.

Die PI-Bilder wurden am Zeiss „Axioskop 40" Fluoreszenzmikroskop aufgenommen.

2.2.6   Isolierung von PrP^{Sc}

Bevor die Gehirnschnitte nach der Kultivierung für weitere Versuche zur Verfügung standen, mussten diese zuerst zweimal mit PBS gewaschen werden. Danach wurde jeder Schnitt mit 40 µl Lysis-Puffer versetzt und von der Membran mittels Resuspendierung und einem Zellschaber entfernt. Nachdem die Lösung in ein 1,5 ml Eppendorfgefäß übertragen worden war, konnte die Proteinkonzentration mittels BCA-Assay [57] bestimmt werden.

2.2.7   BCA-Assay

Für die kolorimetrische Bestimmung und die Quantifizierung des Proteingehalts wurde der BCA-Test nach Pierce [57] durchgeführt. Proteine mit Cu^{2+} bilden in einer alkalischen Lösung einen Komplex, welcher als Biuret-Reaktion bezeichnet wird. Die Cu^{2+} werden zu Cu^{1+} reduziert, die wiederum mit Bicinchinon-Säure (BCA) einen violetten Farbkomplex bilden. Die Absorption konnte dann bei 562 nm gemessen werden. Als Proteinstandard wurden folgende Konzentrationen verwendet: 25 µg/ml, 50 µg/ml, 100 µg/ml, 200 µg/ml und 400 µg/ml.

Die Verdünnung der Lysate wurde mit einem Endvolumen von 200 µl in einem Verhältnis von 1:50 mit ddH$_2$O hergestellt. Für den Mastermix wurden 50 Einheiten der Lösung A und eine Einheit der Lösung B angesetzt. Pro Loch einer 96-Loch-Platte wurden 250 µl des Reagenzes pipettiert und 50 µl der jeweiligen Probe. Nach gründlichem Mixen wurde die Platte bei 37 °C für 30 min inkubiert. Die Absorptionsmessung erfolgte bei 562 nm.

2.2.8   SDS-Gel

SDS-Gele oder auch Natriumdodecylsulfat-Polyacrylamidgelelektrophorese genannt, werden für die Auftrennung von Proteinen nach ihrem Molekulargewicht verwendet. Dazu ist zum einen ein Trennmedium, welches ein diskontinuierliches Gel auf Polyacrylamidbasis darstellt, erforderlich und zum anderen ein Sammelgel. Es können unterschiedliche Konzentrationen von Gelen hergestellt werden. In den meisten Fällen können gute Ergebnisse zwischen 12 – 14 %igen Gelen erzielt werden. In diesem Fall handelt es sich um ein 12,5 %iges Gel.

Bei einer SDS-Gelelektrophorese ist die vollständige „Ummantelung" der Proteine erforderlich, um so allen Proteinen eine negative Ladung zu verleihen. Deshalb stellt die Probenvorbereitung einen essentiellen Schritt dar.

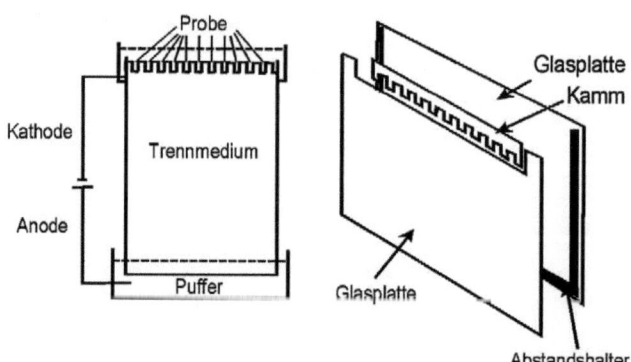

Abb. 15: Elektrophoretisches Trennsystem
Gelelektrophoresekammer mit schematischem Aufbau der Apparatur (links) und der Gelkassette (rechts). (Nach: Uni-Leipzig)

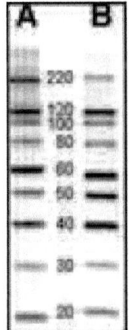

Abb. 16: MagicMark™ XP Western Protein Standard
5 µl Marker wurden auf einer NuPAGE® Novex® 4 – 12 % Bis – Tris Gel (A) und auf einem Novex® 4 – 20 %
Tris-Glycin Gel (B) geladen. Geblottet auf eine Nitrocellulose-Membran und detektiert unter der Nutzung des
WesternBreeze® Anti-Rabbit Chemilumineszenz Kit [59].

Für eine PrP^{SC}-Analyse wurden 20 µg/µl Protein mit 1 µl Proteinase K (Stammlösung 1 µg/µl) für 30 min bei 37 °C verdaut. Danach wurden diese mit 4x LPP versetzt und bei 95 °C, 700 rpm für 5 min gekocht. Die Elektrophorese verlief nach Laemmli [58]. 15 min bei 100 V und 300 min bei 200 V. Als Größenstandard wurde der MagicMark™ XP Western Protein Standard verwendet (Abb. 16).

Der Magic Marker weist dazu eine unterschiedliche Affinität auf, welche im Folgenden tabellarisch dargestellt ist [59].

Tab. 11: Affinität des MagicMark™ XP Standard

Organismus	Affinität
Mensch, Pferd, Kuh	++++
Schwein, Kaninchen	+++
Schaaf, Hamster, Ratte, Maus, Ziege, Meerschweinchen	++
Huhn	+

2.2.9 Westernblot

Das Verfahren des Westernblottings wird für die Übertragung der Proteine von einem Gel auf eine PVDF-Membran verwendet, welche mit einem spezifischen Antikörper (AK) versetzt wird. Diese Membran besitzt die Eigenschaft, Proteine fester zu binden als eine Nitrozellulose-Membran.

Der Transfer fand für ein Gel bei 300 mA für 30 min statt. Daraufhin wurde die Membran unter Schwenken mit 3 %igem Magermilchpulver (MaMiPu) in 0,05 % Tween 20 in TBS-T für 30 min bei RT geblockt. Der Blot wurden mit dem Erst-AK H2 (Anti-Hase, 1:5000) in 3 %igem MaMiPu in einem Gesamtvolumen von 5 ml ü.n. bei 4 °C inkubiert. Am Folgetag musste dieser dreimal mit TBST für jeweils 10 min unter Schwenken gewaschen werden. Für die Absättigung der unspezifischen Bindungsstellen sorgte eine weitere Inkubation von 10 min in 3 %igem MaMiPu in TBST. Die Zugabe des Zweit-AKs (Ziege anti Hase) fand für 1 Std. bei RT statt. Danach wurde der Blot abermals dreimal für 10 min in TBST gereinigt und zweimal für 5 min mit Assay-Puffer versetzt. Für die Detektion der Banden wurde CDP-Star in einer Verdünnung von 1:100 mit Assay-Puffer verwendet. Nachdem der Blot für 1 Std. in der Entwicklungskassette lag, konnte ein Film aufgelegt werden. Die Zeitspannen erfolgten variabel zwischen 15 Sekunden und 20 Minuten.

Blots mit unverdauten Proben wurden im Nachhinein mit einem Anti-Aktin-AK behandelt. Aktin ist ein Ladekontrollantikörper, mit dem Proteine nachgewiesen werden können, deren Menge mit der Gesamtmenge des Proteins in der Probe korrelieren, da die nachgewiesenen Proteine in allen Proben zum gleichen Anteil vorkommen. Die Kontrolle der gleichmäßigen Beladung der verschiedenen Bahnen eines Gels für Western-Blots stellt somit eine Absicherung der Ergebnisse dar. Das Molekulargewicht von Aktin liegt bei 43 kDa. Die Blots wurden zur Entfernung der im Vorfeld verwendeten AK dreimal für jeweils 10 min mit TBST gewaschen. Daraufhin wurde die PVDF-Membran in ein 50 ml Falkon transferiert und mit 5 ml Stripping-Puffer (100 mM NaOH, 2 % SDS, 0,5 % DTT) versetzt. Dieser musste für 1 Std. bei 55 °C inkubieren. Es folgte ein dreimaliger Waschschritt mit TBST für jeweils 10 min, um daraufhin die Membran in MaMiPu für 30 min zu blocken. Die Inkubation des Erst-AKs erfolgte in 3 %igem MaMiPu bei 4 °C ü.N. Nach wiederholtem Waschen wurden die unspezifischen Bindungsstellen mit 3 %igem MaMiPu abgesättigt. Der Zweit-AK inkubierte für 1 Std. bei RT. Die Filmentwicklung erfolgte nach 2 min.

2.2.10   Immunhistologische Färbung von Cerebellum-Schnitten

Die Durchführung von Färbungen an organotypischen Schnitten wurde an das Protokoll von Gogolla [37] und Vinet [60] angepasst. Dabei spielten die unterschiedlichen AK bzw. die Region, welche gefärbt werden sollten, keine Rolle. Zunächst wurden die Schnitte mit 1 ml vorgewärmten Kulturmedium unter Schwenken gewaschen. Daraufhin erfolgte eine

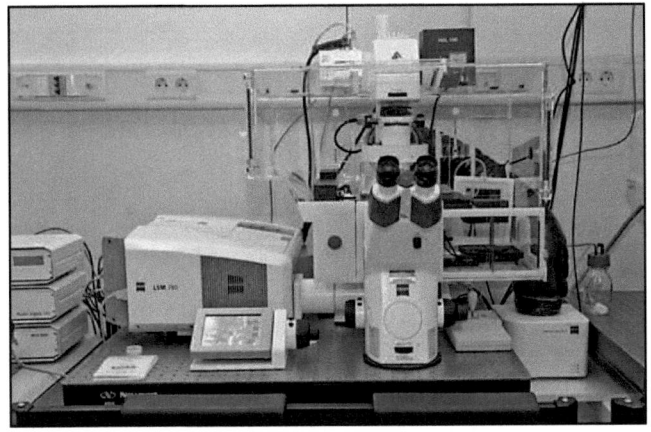

Abb. 17: Konfokales Laserscanning-Mikroskop
Das „LSM 780" besitzt einen Axio Observer Z1 für Untersuchung an fixierten und lebenden Zellen. Die Epifluoreszenz ist durch eine Fluoreszenzlampe (HXO 120 C) und dem Filter: DAPI, GFP, DsRed gegeben. Des Weiteren besitzt dieses Mikroskop einen Diodenlaser (405 nm), einen Argon Multiline – Laser (458 nm, 488 nm, 514 nm, 25 mW) und einen HeNe – Laser (543 nm, 594 nm, 633 nm).

Inkubation mit 4 %igem PFA bei 4 °C ü.N. Am Folgetag erfolgte der nächste Waschschritt mit PBS unter Schwenken. 0,5 %iges TX-100 in PBS gelöst für 1 Std. bei RT sorgte für die Permeabilisation. Der nächste Inkubationsschritt verlief für 4 Std. bei RT mit Blocking Puffer. Die Schnitte wurden aus dem Einsatz („insert") der 6-Loch-Platte geschnitten, befinden sich jedoch weiterhin auf der Membran. Auf dieser die Inkubation der jeweiligen AK erfolgte. Der erste AK verblieb ü.N. bei 4 °C auf den jeweiligen Schnitten, danach erfolgte ein dreimaliges Waschen mit PBS, bevor die Inkubation des zweiten AKs für 3 Std. bei RT im Dunkeln erfolgte. Nach einem letzten Waschschritt mit PBS wurden die einzelnen Gehirnschnitte mit Polymount auf einem Objektträger eingedeckelt und bei 4 °C im Dunkeln gelagert bis diese mittels dem ZEISS LSM 780 fotografiert und der ZEN 2010b Software ausgewertet werden konnten. Die Bildaufzeichnung erfolgte bis zu 6144 x 6144 Pixel. Das Konfokale Laserscanning-Mikroskop ist in Abb. 17 dargestellt.

2.2.11 Verhaltenstest

Zur Ermittlung, welchen Einfluss P2RX$_7$ auf das Verhalten von P2RX$_7$-KO-Mäusen hat, wurde der Nestbau ü.N. untersucht. Dieses Verfahren ist angelehnt an das Protokoll von Deacon [61]. Die Mäuse wurden einzeln gesetzt, die Käfige entleert und ein Stück gepresste

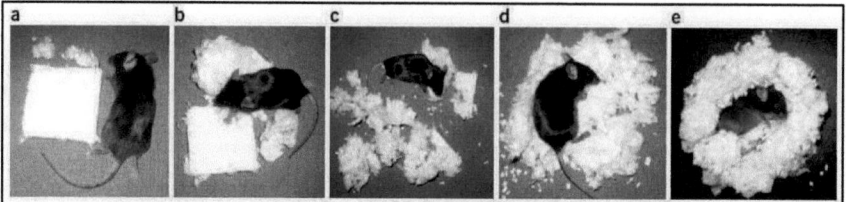

Abb. 18: Bewertungs-Skala der Nestbildung
Mäuse wurden ü.N. einzeln mit lediglich einem Nestlet gesetzt. Für die Untersuchung ihrer Überlebensfähigkeit
wurde eine Bewertungs-Skala von 1 (a) zu 5 (e) erstellt [61].

Baumwolle (engl. *Nestlets*) hinein gelegt. Am Morgen danach wurden die erbauten Nester ausgewertet. Dafür gab es eine Bewertungsskala von 1 – 5, wobei 5 den Optimalfall darstellte.

3 Ergebnisse

3.1 Genotypisierung

Die Genotypisierung dient zur Absicherung des genetischen Hintergrunds der Mäuse. Wie in Kapitel 2.2.1 gezeigt, werden Schwanzspitzen für die DNA-Bestimmung verwendet. Zum Vergleich wird sowohl eine Negativ-Kontrolle (ddH$_2$O), als auch eine entsprechende Positiv-Kontrolle (KO, WT) mitgeführt. In Abb. 19 sind die Ergebnisse einer Genotypisierung im elektrophoretischen Gelbild dargestellt. Die Mäuse, welche homozygot für das Ziallel sind (Kap. 1.6), zeigen eine starke Bande bei 280 bp. Die Spuren 1 bis 3 im linken Bildausschnitt bestätigen den P2RX$_7$(-/-)-Genotypen. Die Übereinstimmung spiegelt sich ebenfalls in der KO-Kontrolle wieder. In den Spuren 4 bis 6 sind keine Signale detektierbar. Auch die WT-Kontrolle zeigt kein Ergebnis. Der umgekehrte Fall ist im rechten Bildausschnitt zu erkennen. Die zu untersuchenden Bl6-Proben (4 – 6) und die WT-Kontrolle zeigen eine Bande bei 363 bp, wohingegen die P2RX$_7$-Spuren kein Signal hervorbringen. Dazu weist die H$_2$0-Kontrolle keine Verunreinigung auf.

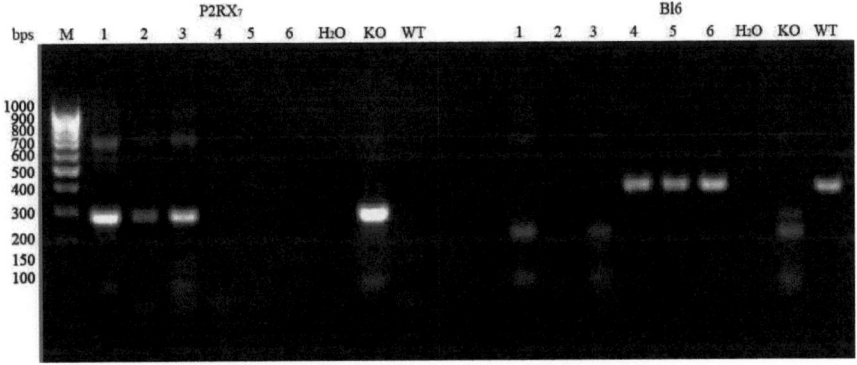

Abb. 19: Genotypisierung von WT Bl6 und KO P2RX$_7$
Die Kontrollen bestehen aus ddH2O (Negativ-Kontrolle) und P2RX$_7$ KO und Bl6 WT (Positiv-Kontrolle).

3.2 Prion Infektion im *in-vitro* Modell

Der Prion-Organotypische-Schnitt-Kultur-Assay (engl. *POSCA*) stellt einen schnellen Weg für eine Manipulation von Gehirnschnitten in ihrem natürlichen System dar [54]. Organotypische Schnitte des Cerebellums von 10 - 13 Tage alten WT Bl6- und KO P2RX$_7$-Mäusen wurden unmittelbar nach der Präparation mit 10 %igem Hirnhomogenat, welches von terminal erkrankten WT-Mäusen abstammt, die mit dem Prion-Stamm 139A infiziert worden sind, für 1 Std. bei 4 °C in der Anwesenheit von GBSSK-Puffer inkubiert (Kap. 2.2.4). GBSSK-Puffer beinhaltet Kynuren-Säure (KYNA). Diese Säure fungiert als ein Glutamat-Rezeptor-Antagonist und blockiert daher die Neurotoxizität der Glutamat-Konzentration. Die Ergebnisse von Falsig und Aguzzi [54] zeigten, dass die Gehirnschnitte bis zu 8 Wochen vital blieben. Die Langlebigkeit beider Genotypen und der Infektionsgrad im Vergleich zu den nicht infizierten Mäusen wurde untersucht.

3.2.1 Untersuchung der Vitalität via PI-Assay

Die Lebensfähigkeit verschiedener Zelltypen in den Cerebellum-Schnitten während der Kultivierung wurde über den Zelltod mittels Propidiumiodid (PI) untersucht (Kap. 2.2.5). Dieser Farbstoff wirkt, wie auch Ethidiumbromid, als Nukleinsäureinterkalator. PI besitzt die Eigenschaft, die perforierte Zellmembran von toten Zellen zu durchdringen. Dabei bindet es an der DNA, und ein Fluoreszenzsignal kann detektiert werden. Es werden drei verschiedene Zellschichten innerhalb der Kleinhirnrinde unterschieden. Zum einen weist die äußere Molekularschicht Sternzellen und Korbzellen auf. Die mittlere Purkinjezellschicht besitzt die gleichnamigen Purkinjezellen, und die innere Zellschicht wird als Körnerschicht bezeichnet, welche die Körnerzellen und Golgizellen aufweist.

In Abb. 20 ist die Vergleichsstudie beider Genotypen gezeigt. Zum einen wurden die mit PrP^{Sc} infizierten Schnitte (S) mit den nicht infizierten (N) innerhalb des gleichen Genotyps verglichen und zum anderen das Verhältnis von S- und N-Schnitten zwischen Bl6 und P2RX$_7$ untersucht. Dargestellt ist die Kultivierungsdauer von 21 und 28 Tagen beim WT Bl6, sowie von 20 und 29 Tagen bei KO P2RX$_7$. Die Ergebnisse zeigen, dass es unabhängig von der Kultivierungsdauer weder einen Unterschied zwischen den beiden Genotypen gibt, noch zeigen die mit dem Homogenat 139A-infizierten Schnitte mehr tote Zellen als die scheinbar nicht erkrankten. Damit kann festgehalten werden, dass die Prioninfektion über einen Zeitraum von 3 – 4 Wochen keinen Einfluss auf die Lebensfähigkeit von organotypischen

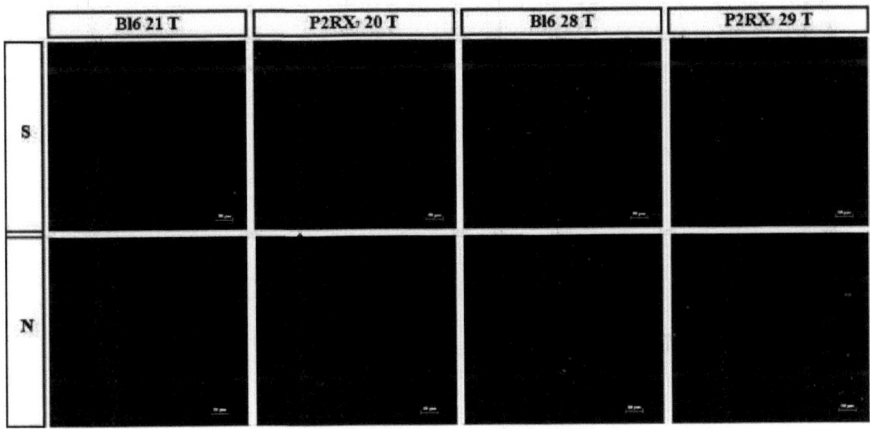

Abb. 20: PI-Assay in Cerebellum-Schnitten
Die PI-Inkubation bei Kleinhirn-Schnitten von WT Bl6 nach 21 und 28 Tagen Kultivierung. KO P2RX₇ wurde
nach 20 und 29 Tagen untersucht. Beide Genotypen sind sowohl mit einer Scrapie (S) Infektion und im nicht
erkrankten Fall (N) untersucht worden.

Schnitten hat. Die für die Positiv-Kontrolle stehenden Kleinhirnschnitte wurde mit dem
Proteinkinaseinhibitor Staurosporin inkubiert (Abb. 21). Dieser Inhibitor beinhaltet Proteinase
C, welches die Übertragung von Phosphat auf Serin- oder Threoningruppen auslöst, die
wiederum die Aktivität nachgeordneter Enzyme steuert. Für diese Aktivität wird Ca^{2+}
benötigt, welches die Phosphorylierung vieler Zielproteine katalysiert. Staurosporin ist somit
ein Reagenz, welches die Apoptose über die Aktivierung des intrinsischen Signalwegs
induziert. Die Behandlung der Schnitte mit Staurosporin bewirkt eine stetige Zunahme toter
Zellen innerhalb der verschiedenen Zellschichten. Bei erfolgreicher Präparation konnten die
charakteristischen Strukturen des Cerebellums erhalten bleiben. In den Aufnahmen der
Schnitte von Bl6 / 21 Tagen, sind diese im regelmäßigen Abstand, transversal verlaufenden
Furchen, die der Oberflächenvergrößerung dienen, akkurat zu erkennen.

Des Weiteren zeigt Staurosporin eine Anfärbung auch an anderen Positionen. Nicht nur die in
den drei unterschiedlichen Zellschichten zu findenden Ansammlungen der verschiedenen
Nervenzellen fluoreszieren rot, sondern es finden sich auch tote Zellen im Marklager.

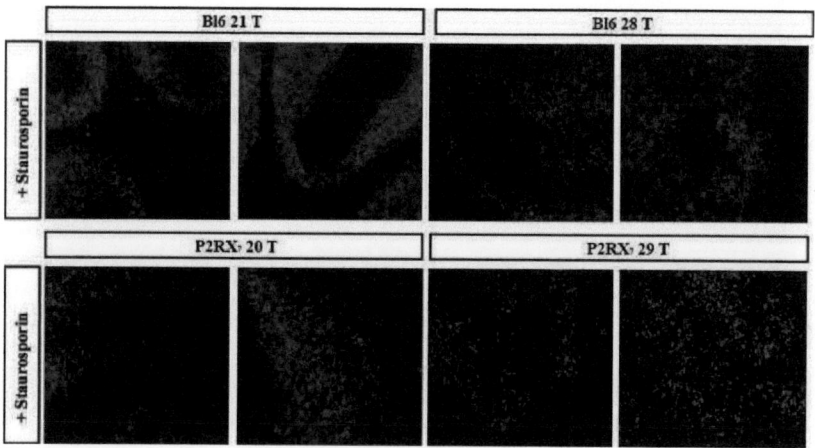

Abb. 21: Staurosporin-Cerebellum-Schnitte
Der Proteinkinaseinhibitor stellt bei den Schnitten von WT Bl6 und KO P2RX$_7$ die Positiv-Kontrolle in dieser
Versuchsreihe dar. Die Untersuchung erfolgte nach einer Kultivierungsdauer von 21 bzw. 28 Tagen bei Bl6 und
20 bzw. 29 Tagen bei P2RX$_7$.

3.2.2 Prion-Replikation

Nach der Kultivierung von ein bis vier Wochen wurde die Prion-Replikation in den
Cerebellum-Schnitten via Western Blot untersucht. In allen Experimenten wurde der Prion-
Protein-Antikörper H2 (Kap. 2.1.7) verwendet. Es wird zwischen mit Proteinase K (PK)
verdauten und unverdauten Proben unterschieden. Der Verdau erfolgte mit dem Einsatz von
20 µg Protein. Danach sollte lediglich PrP^{Sc} detektierbar sein, da dieses Protein resistent
gegenüber PK ist. Unverdaute Proben wurden mit 5 µg Proteingehalt eingesetzt. Als Negativ-
Kontrolle diente nicht-infiziertes Hirnhomogenat (N), wohingegen Scrapie infiziertes
Homogenat (S) als Positiv-Kontrolle aufgetragen wurde (Kap. 2.2.4). Die unterschiedlichen
Tiere, aus denen die Schnitte hergestellt wurden, wurden mit „T" und der dazugehörigen
Nummer abgekürzt.

Abb. 22 und 23 zeigen die Ablagerung von PrP^{C} nach dreiwöchiger Kultivierung in den
verschiedenen Schnittkulturen. Sowohl bei den Schnitten von Bl6 als auch bei denen von
P2RX$_7$ ist ein vergleichbares Bandenmuster zu erkennen. Dieses stimmt wiederum mit der
unverdauten N-negativ-Kontrolle überein. Der unterschiedliche Grad der Intensität der
Banden lässt zunächst auf mehr Protein schließen. Für die Absicherung dieser Hypothese
wurden die unverdauten Westernblots mit einem Aktin-AK „gestrippt" (Kap. 2.2.9). In beiden

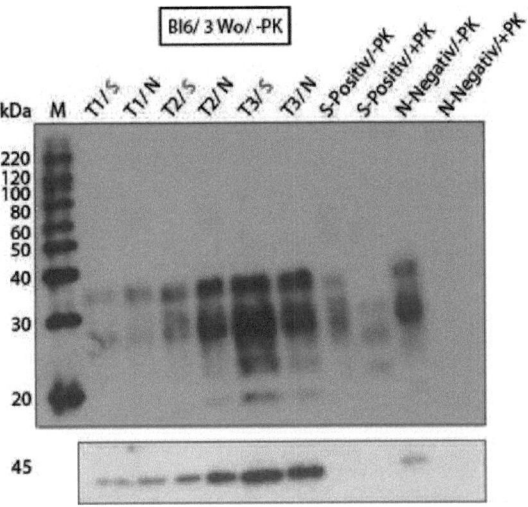

Abb. 22: Western Blot von unverdauten Bl6-Schnitten nach drei Wochen
Schnitte von Bl6-Mäuse nach einer Kultivierungsdauer von 3 Wochen, wurden auf die Menge von PrP^C im Western Blot untersucht. Eine Dreifachbestimmung (T=Tier) mit sowohl verdauter und unverdauter Positiv- und Negativ-Kontrolle. „S" steht dabei für *in-vitro* Scrapie-infiziert und „N" für die nicht infizierten Schnitte.

Fällen sind Ungleichmäßigkeiten bei der Beladung zu erkennen. Im Falle des Schnittes von Bl6 Tier 3 wurde mehr von der Probe aufgetragen als bei Tier 1. Ähnlichkeiten diesbezüglich lassen sich auch bei den Schnitten von P2RX$_7$ erkennen (Tier 2 / S versus Tier2 / N). Somit kann festgehalten werden, dass alle Proben eine ähnliche PrP^C-Expression aufweisen.

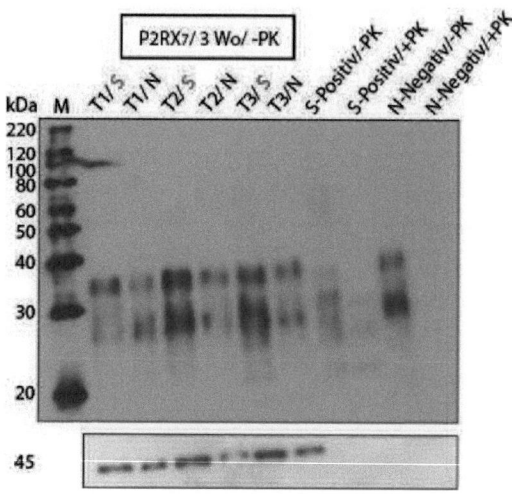

Abb. 23: Western Blot von unverdauten P2RX$_7$-Schnitten nach drei Wochen
P2RX$_7$-Schnitte wurden drei Wochen kultiviert und in einer Dreifachbestimmung (T=Tier) auf die Proteinmenge von PrP^C überprüft. Positiv- (S = Scrapie) und Negativkontrolle (N = nicht infiziert) wurden sowohl im PK-Verdau als auch unverdaut aufgetragen.

Des Weiteren zeigen die beiden 139A-Kontrollen das typische Bandenmuster von PrP^{Sc}. Grund dieses Dreifach-Banden-Musters ist der Prozess einer un-, mono- und di-Glykosylierung [62]. Diese findet sich auch in den folgenden Abb. 24 und 25 wieder. Es handelt sich dabei um die gleichen Proben, welche allesamt mit einem Einsatz von 20 µg Protein mit PK verdaut worden sind. Bei Bl6 lassen alle Schnitte das typische Muster erkennen. Der im Robert Koch-Institut hergestellte AK H2 detektiert das Prion-Protein, jedoch erzeugt dieser ebenfalls eine unspezifische Bande bei knapp über 20 kDa, welche bei dem Schnitt Bl6 Tier 3 / S eindeutig zu erkennen ist.

Die Probe des Schnittes P2RX$_7$ Tier 1 zeigt kein Ergebnis. Das fehlgefaltete Prion-Protein PrP^{Sc} ist hingegen in der Probe von Tier 3 stark vorhanden. Im Gegensatz zu der Probe von Tier 2 kann davon ausgegangen werden, dass mehr fehlgefaltetes PrP^{Sc} vorliegt. Diese Annahme wird durch den Aktin Western Blot unterstützt, da dieser im unverdauten Fall anhand der Proben von Tier 2 und 3 eine identische Beladung aufweist.

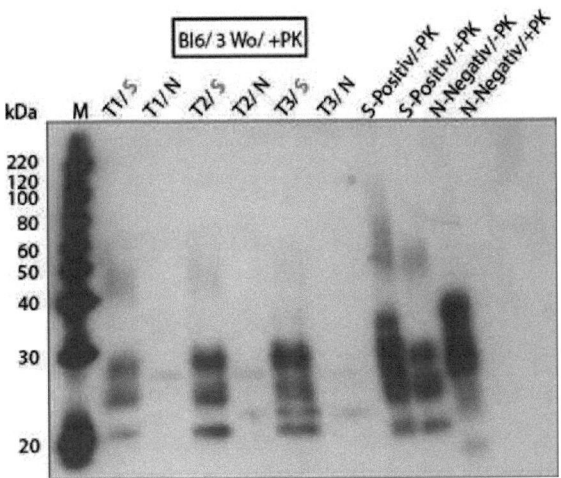

Abb. 24: PrP^{Sc}-Ablagerung in Bl6-Schnitten via Western Blot nach drei Wochen
In-vitro Scrapie-Infektion (S) bei WT Bl6 nach dreiwöchiger Kultivierung in einer Dreifachbestimmung
(T=Tier).

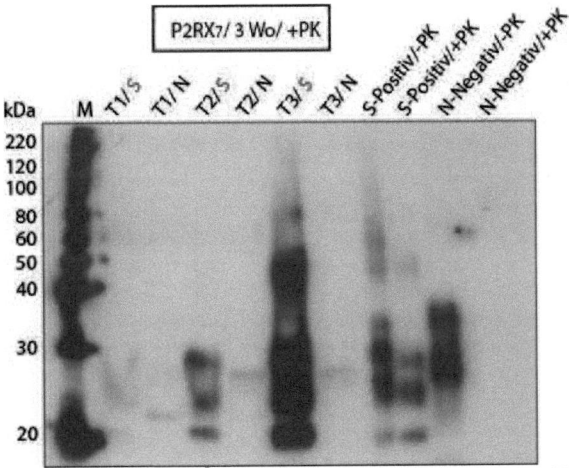

Abb. 25: Western Blot von PrP^{Sc}-Ablagerung in P2RX₇-Schnitten nach drei Wochen
Analyse von PrP^{Sc}-Ablagerungen in P2RX₇-Schnitten in Dreifachbestimmung (T=Tier) nach dreiwöchiger
Zellkultur (S=Scrapie, N=nicht infiziert).

Zusätzlich zu der dreiwöchigen Kultivierung der Cerebellum-Schnitte wurde die Prion-Protein Expression auch nach vier Wochen untersucht. In Abb. 26 und 27 sind die Ergebnisse der unverdauten Proben exemplarisch dargestellt. Sowohl in den Schnitten von Bl6 als auch in denen von P2RX$_7$ ist das Bandenmuster in allen Tieren identisch und stimmt damit auch mit der unverdauten Negativ-Kontrolle überein. Damit auch hier eine Aussage über die tatsächliche Proteinmenge getroffen werden kann, wurde die gleichmäßige Beladung der Proben mittels Aktin-AK überprüft. In beiden Fällen ist zu erkennen, dass mit Ausnahme des Schnittes Bl6 Tier 3 / S eine Gleichmäßigkeit vorhanden ist. Die Probe Bl6 Tier 3 / S scheint fehlerhaft aufgetragen worden zu sein, da sich dieses Ergebnis nicht im verdauten Zustand wiederspiegelt. Im Falle der Schnitte des P2RX$_7$-defizienten Stammes bestätigt das Aktin eine gleichmäßige Auftragung von 5 µg Protein.

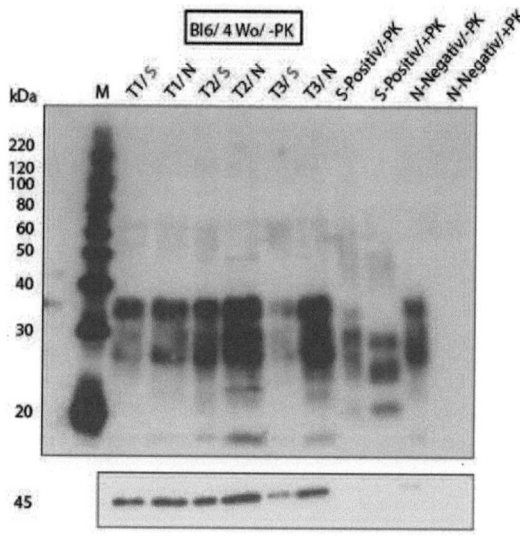

Abb. 26: Western Blot mit unverdauten Proben von Bl6-Schnitten nach vier Wochen
Analyse der PrP^C Expression in Schnitten von drei Bl6-Tieren (T) nach vierwöchiger Kultivierungsdauer (T=Tier).

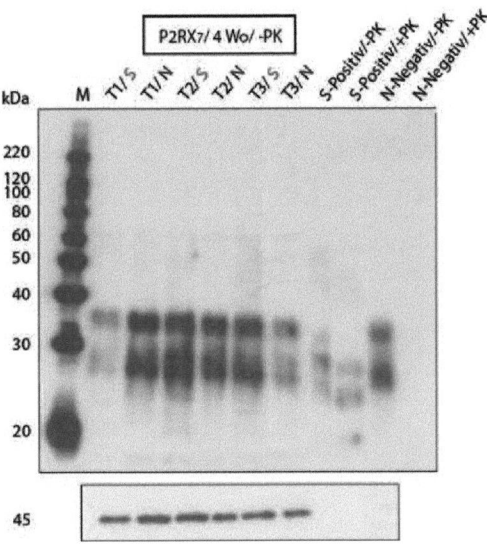

Abb. 27: Unverdaute Proben im Western Blot von P2RX₇-Schnitten nach vier Wochen
Untersuchung von un- und infiziertem Schnitten (N,S) in KO P2RX₇-Tieren (T) nach vierwöchiger
Kultivierungsdauer.

Äquivalent zur PrP^C-Analyse ist in den Abb. 28 und 29 die PrP^{Sc}-Ablagerung nach vier
Wochen dargestellt. Die Kontrollen zeigen sowohl im Western Blot von Bl6 als auch bei
P2RX₇ die zu erwartenden Ergebnisse. Alle drei untersuchten Gehirnschnitte von Bl6 sind mit
der verdauten 139A-Kontrolle identisch. Der Schnitt Bl6 Tier 2 zeigt im nicht infizierten Fall
wieder die typische H2-Bande. Wie schon nach drei Wochen gezeigt, lässt sich auch nach vier
Wochen bei den Proben des Knock-outs P2RX₇ Tier 1 kein Ergebnis erzielen, jedoch zeigen
die Schnitte Tier 2 und 3 deutlich die drei Stufen der Glykosylierung. Zudem ist zu erkennen,
dass in den P2RX₇-Schnitten eine scheinbare stärkere Intensität des Bandenmusters bei der
Probe von Tier 2 / S und Tier 3 / S vorliegt, als bei dem WT. Der Genotyp P2RX₇ repliziert
daher mehr von dem fehlgefalteten Prion-Protein PrP^{Sc} als der Wildtyp.

Zusammenfassend kann gesagt werden, dass in dieser Arbeit die Lebensfähigkeit der Schnitte
in-vitro bis zu vier Wochen sichergestellt ist. Des Weiteren kann festgehalten werden, dass
die mit Scrapie infizierten P2RX₇-Cerebellum-Schnitte, im Vergleich zu den Schnitten der
Bl6 Kontrolle, schon nach ca. drei Wochen eine erhöhte PrP^{Sc}-Ablagerung aufweisen. Dieses

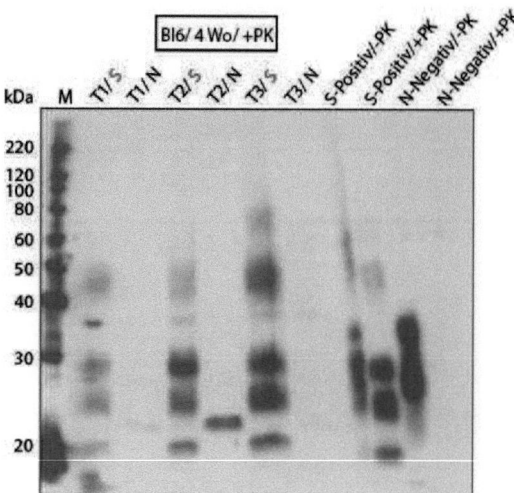

Abb. 28: PrP^{Sc}-Replikation bei Bl6-Schnitten im Western Blot nach vier Wochen
Mit PK verdaute Bl6-Schnitte als Nachweis des fehlgefalteten Prion-Proteins nach vierwöchiger Kultivierung.

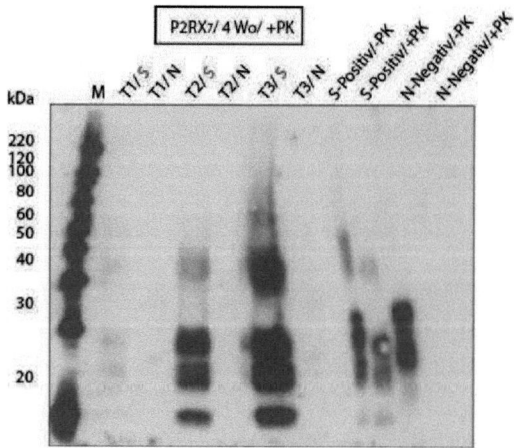

Abb. 29: PrP^{Sc} Nachweis in P2RX$_7$-Schnitten nach vierwöchiger Kultivierung
Nachweis von PrP^{Sc} in P2RX$_7$-Schnitten. Vier Wochen nach Infektion via Western Blot.

Modell bietet eine gute Option für *in-vivo* Analysen von organotypischen Gehirnschnitten.

3.3 Konfokale Immunofluoreszenzaufnahmen

Die konfokale Immunofluoreszenz-Mikroskopierung stellt einen essentiellen experimentalen Fortschritt für die Untersuchung von Prozessen im Gehirn dar. Die zu analysierenden Gehirnschnitte werden mit unterschiedlichen Markern (GFAP, Iba-1, NeuN) markiert. Darüber hinaus können verschiedene Zelltypen (Astrozyten, Mikroglia, Neuronen) in unterschiedlichen zellularen Schichten begutachten werden.

3.3.1 Zellschichten von Cerebellum-Schnitten

Die Möglichkeit, zelluläre Prozesse im Kleinhirn erforschen zu können, ist ein großer Fortschritt im Gebiet der Neurowissenschaft. Eine erfolgreiche Präparation des Cerebellums stellt dabei die wichtigste Grundlage dar. Besitzen die Schnitte keinerlei Risse, so kann eine dreidimensionale Struktur erkannt werden. Für diese immunohistologische Versuchsreihe wurden Schnitte von 10 Tage alten Mäusen angefertigt und für zwei Wochen kultiviert. Das Verfahren der Permeabilisation und der Fixierung dieser Schnitte wurde über eine Kombination von zwei Protokollen optimiert und sorgt somit für eine garantierte Penetration der Antikörper (Kap. 2.2.10).

Neben der Anfärbung von Astrozyten, Mikroglia und Neuronen wurde bei allen Schnitten die DAPI-Färbung verwendet. Dieser Fluoreszenzfarbstoff bindet vor allem an AT-reiche Regionen auf der DNA. Des Weiteren besitzt DAPI die Eigenschaft, intakte Zellmembranen zu durchdringen und alle Zellkerne in der äußeren (EGL) und inneren (IGL) Körnerschicht, mit Ausnahme der Molekularschicht (ML), sichtbar zu machen. Bei Anregung mit ultraviolettem Licht fluoresziert DAPI im sichtbaren Bereich mit blauer bis cyaner Farbe. In Verbindung mit doppelsträngiger DNA liegt das Absorptionsmaximum bei einer Wellenlänge von 358 nm und das Emissionsmaximum bei 461 nm.

Bei Durchführung einer GFAP-Färbung (engl. *glial fibrillary acidic protein*) werden die Astrozyten bzw. die Bergmann-Glia markiert. Dabei sind unterschiedliche Typen bzgl. ihrer Morphologie zu unterscheiden. Die fibrillären Astrozyten besitzen zahlreiche und wenig verzweigte Fortsätze und treten vor allem in der weißen Substanz im Gehirn auf, wohingegen der zweite Typ die protoplasmatischen Astrozyten beschreibt. Diese sind durch reich verzweigte Fortsätze charakterisiert und kommen in der die weißen Substanz umgebenden grauen Substanz vor.

In der folgenden Abb. 30 ist die Markierung der Astrozyten dargestellt. Es wurden 10 Tage alte Mäuse der beiden Genotypen verwendet, 14 Tage lang nach der *in-vitro* Infektion kultiviert und miteinander verglichen. Im oberen Teil (A, B) sind die Schnitte des Wildtypen Bl6 dargestellt. In A steht die DAPI-Färbung, gefolgt von der GFAP-Färbung und im Gesamtbild (200 x). Von diesem wurde eine Detailaufnahme aufgenommen (400 x), welche im Auszug, ausgehend von dem weißen Rechteck, zu erkennen ist. Der mit Scrapie (S) infizierte Schnitt im Vergleich zum nicht infizierten (N) zeigt keine herausstechenden Unterschiede. In beiden Fällen ist eine Vielzahl von Astrozyten zu erkennen. Im Vergleich zu dem organotypischen Schnitt von Bl6 / N treten im Scrapie infiziertem Fall die Astrozyten vermehrt in der Körnerzellschicht auf. Bei der DAPI-Färbung des Schnittes Bl6 / N können die für das Kleinhirn charakteristisch, transversal verlaufenden Furchen erkannt werden. In der Detailaufnahme ist die Struktur der Astrozyten zu erkennen, welche sich untereinander verzweigen und den Schnitt durchziehen. Diesen Eindruck erwecken auch die Schnitte der P2RX$_7$-defizienten Mäuse. Der infizierte Schnitt zeigt auch hier eine Anhäufung der Astrozyten in der Körnerzellschicht. In der einzelnen GFAP-Färbung ist des Weiteren zu erkennen, dass die Purkinjezellschicht Lücken aufweist (oberer Bereich). Somit kann gesagt werden, dass die Cerebellum-Schnitte von Bl6 und P2RX$_7$ sich in der Anzahl und der Struktur der Astrozyten nicht unterscheiden.

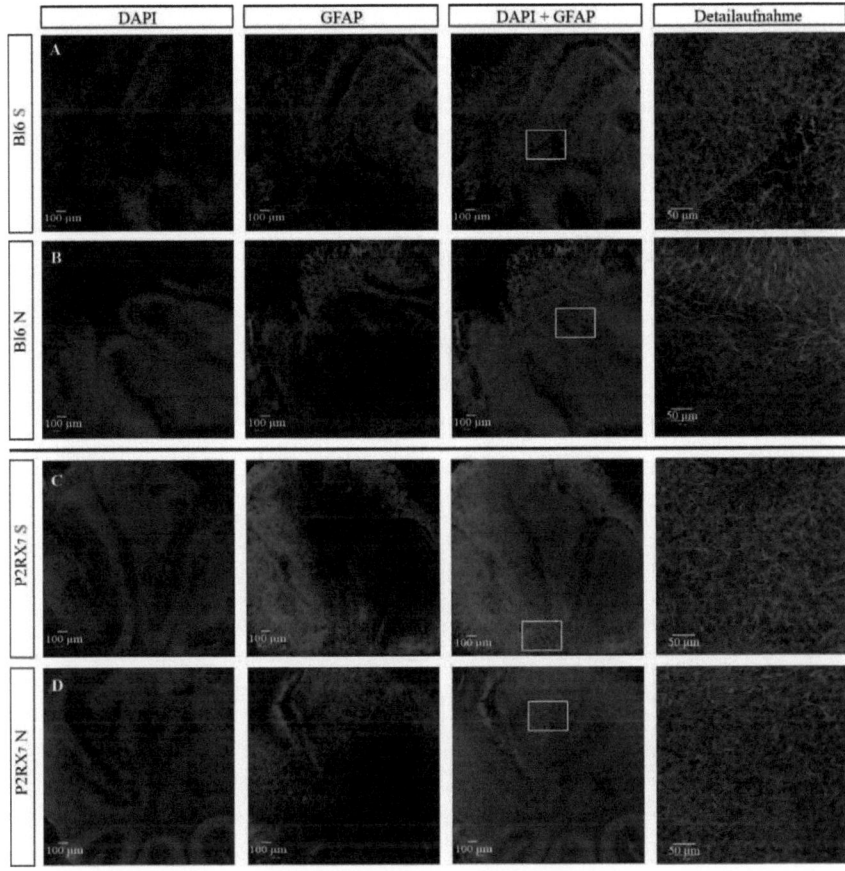

Abb. 30:Histochemische GFAP-Färbung
Organotypische Struktur von Astrozyten nach 14-tägiger Kultivierung von 10 Tage alten Mäusen. (A, C) Scrapie
infizierte (S) Bl6- bzw. P2RX$_7$-Schnitte. (B, D) Unifizierte (N) Bl6- bzw. P2RX$_7$-Schnitte.

Als Nächstes erfolgte die Untersuchung der Mikroglia mittels dem spezifischen Marker Iba-1.

Mikroglia sind ein Teil des zellulären Immunsystems mit der Aufgabe, Fremdkörper und

Zellfragmente mittels der Phagozytose zu beseitigen. Eine Eliminierung von apoptotischen

Neuronen und Gliazellen während der embryonalen Entwicklung gehört ebenso zu ihrem

Funktionsbereich. Die Bilder lassen auf eine erfolgreiche Präparation schließen, da die

einzelnen Schichten in ihrer Anordnung klar zu erkennen sind. Ebenso kann in der

Detailaufnahme die typische Struktur der langgestreckten Fortsätze erkannt werden.

Die Verteilung der Mikroglia in beiden Bl6-Schnitten zeigt eine Ungleichmäßigkeit.

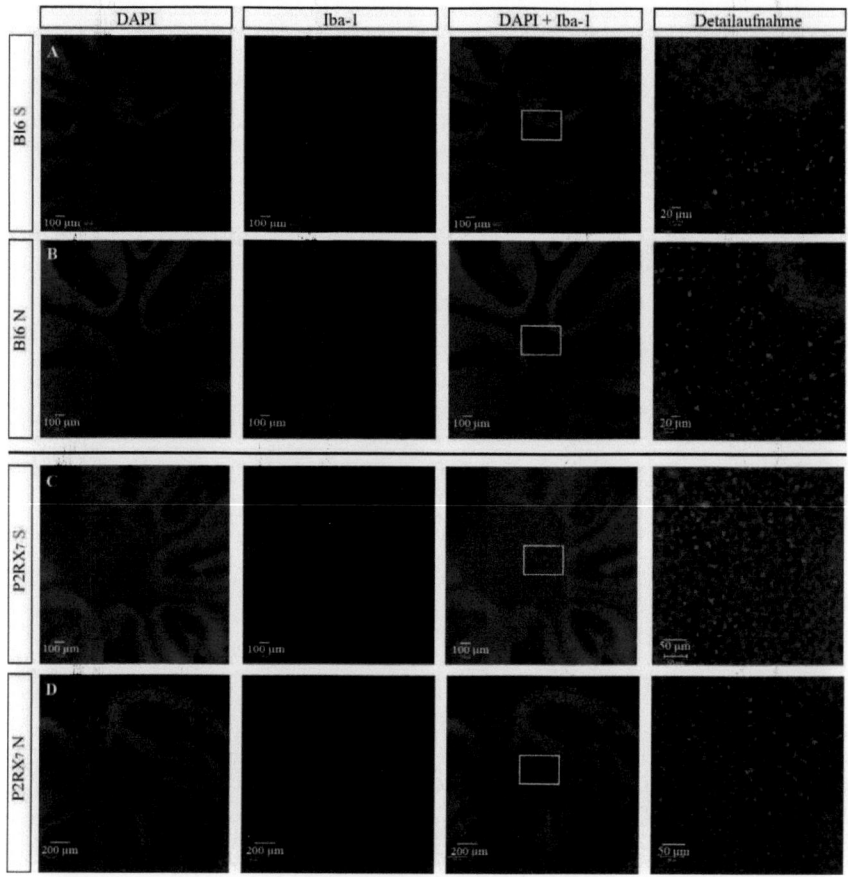

Abb. 31: Immunofärbung mittels Marker Iba-1
Anfärbung der Mikroglia im Cerebellum-Schnitt von infizierten (S) Bl6- bzw. P2RX$_7$-Mäusen (A, C) und nicht
infizierten (N) Mäusen (B, D).

Überwiegend kommen diese in der Molekularschicht vor. Beim Scrapie infizierten P2RX$_7$-
Schnitt sind diese jedoch in allen drei Zellschichten und zusätzlich auch im Marklager
angesiedelt.

In der letzten Färbung wurden die Neuronen mit dem für sie charakteristischen Marker NeuN
untersucht. Neurone bilden ein neuronales Netzwerk, in dem eine einzelne Nervenzelle über
zahlreiche Synapsen mit anderen Zellen in Verbindung treten kann. Abb. 32 zeigt in allen
Schnitten der NeuN-Färbung eine Anfärbung in der Purkinjezellschicht und der

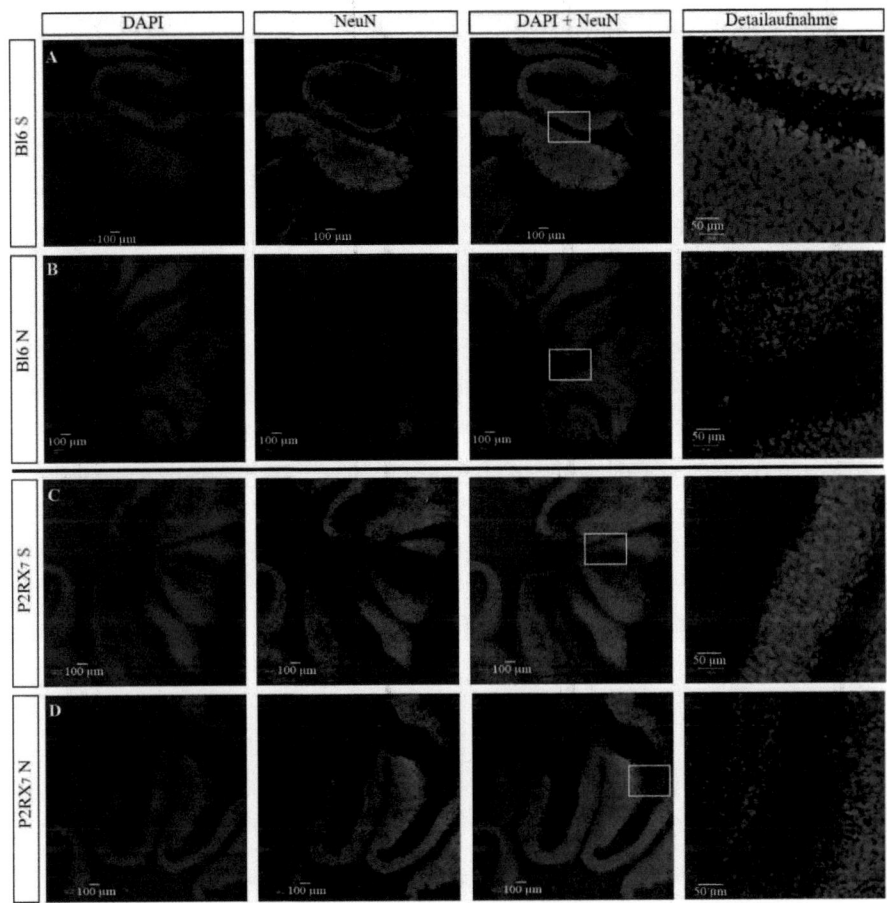

Abb. 32: Neuronale Anfärbung mittels dem Marker NeuN
Immunofluoreszenzaufnahmen der Neuronen in sowohl infizierten (S) und nicht infizierten (N) Bl6-Schnitten
(A, B), als auch im Knock-out P2RX$_7$ (C, D).

Körnerzellschicht. Der Bildausschnitt B lässt insgesamt eine schwächere Färbung erkennen
als in A. Nichtsdestotrotz scheint die Infektion keinen Einfluss auf die Anzahl der Neuronen
zu nehmen (Vergleich A versus B und C versus D).

Insgesamt hat diese Versuchsreihe bei der Untersuchung der Astrozyten und Neuronen keine
Unterschiede zwischen infizierten und unifizierten Schnitten ergeben. Die Mikroglia konnten
jedoch mit dem für sie positiven Iba-1-Marker in allen drei Zellschichten im P2RX$_7$-
infizierten Schnitt vermehrt nachgewiesen werden.

3.4 Änderung von Verhaltensmustern

Ein weiterer Teil dieser Arbeit beschäftigte sich mit der Charakterisierung der beiden Maus-Modelle. Für diese Untersuchung wurden die P2RX$_7$-defizienten Mäuse mit dem Wildtypen Bl6 mittels dem sogenannten *nesting assay* verglichen. Die Fähigkeit des Nestbaus ist für die Tiere überlebenswichtig. Zum einen schützt das erbaute Nest vor natürlichen Fressfeinden, und zum anderen hält es über Nacht die Körpertemperatur aufrecht.

Ein Auszug der Ergebnisse der ü.N. erbauten Nester von Bl6 und P2RX$_7$(-/-) zeigt die nachfolgende Abb. 33. Es handelt sich dabei um eine Dreifachbestimmung von insgesamt sechs Tieren pro Genotyp, welche miteinander verglichen worden sind. Dabei stellen die mit A und C gekennzeichneten Bilder das aus dem Test am besten erbaute Nest dar, wohingegen B und D ein mangelhaftes Ergebnis lieferten. Die Bewertungsskala umfasst die Werte von 1 bis 5, wobei 5 den Optimalfall darstellt (Kap. 2.2.11). Die jeweiligen Einstufungen sind in der Abb. 33 dargestellt. Sowohl Bl6, als auch der Knock-out P2RX$_7$ erzielen in jedem Durchgang einen Wert von mindestens 4,5. Im zweiten Test, Bild D, ist exemplarisch ein Wert von 1 dargestellt.

Alle Nestlets wurden zu Anfang an eine definierte Stelle (hinten rechts im Käfig) positioniert. Dabei war das Verhalten zu beobachten, dass alle Mäuse vor Anfang des Nestbaus aus den Nestlets, diese noch durch den Käfig für die Festlegung des Schlafplatzes transportiert haben.

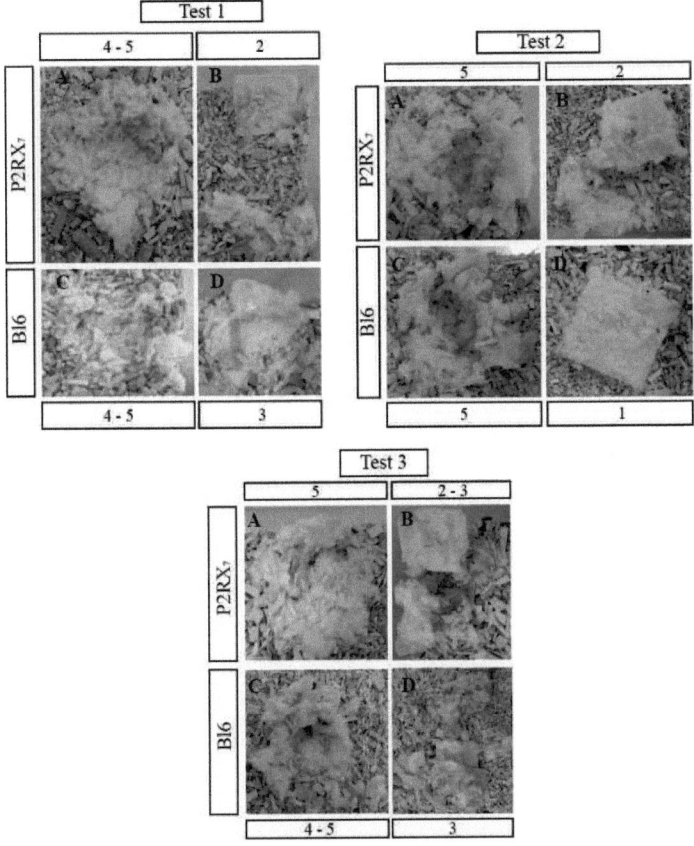

Abb. 33: Evaluation der Nestbildung
Die Auswertung des Nest-Assay beruht auf einer Dreifachbestimmung. Die unterschiedlichen Werte von 1 – 5
sind angegeben. A und C haben im Gegensatz zu B und D die bessere Bewertung. Der Knock-out P2RX₇ und
der Wildtyp Bl6 wurden miteinander verglichen.

Des Weiteren können keine Unterschiede bei der Auftragung des Mittelwertes festgestellt werden (Abb. 34). Der Knock-out liegt im Durchschnitt mit 3,67 gering unter dem von Bl6 mit 3,75. Die Standardabweichung als ein Maß dafür, wie weit die Einzelwerte einer Verteilung vom Mittelwert abweichen, liegt bei P2RX₇(-/-) bei 0,98. Der WT Bl6 besitzt hingegen eine StabW von 0,44. Somit kann festgehalten werden, dass mit einem Alter von fünf Monaten der genetische Defekt von P2RX₇ im Vergleich zu dem Wildtyp keinen Einfluss auf den Nestbau hat und somit auch nicht auf den Schutz vor Fressfeinden und der Körpertemperatur.

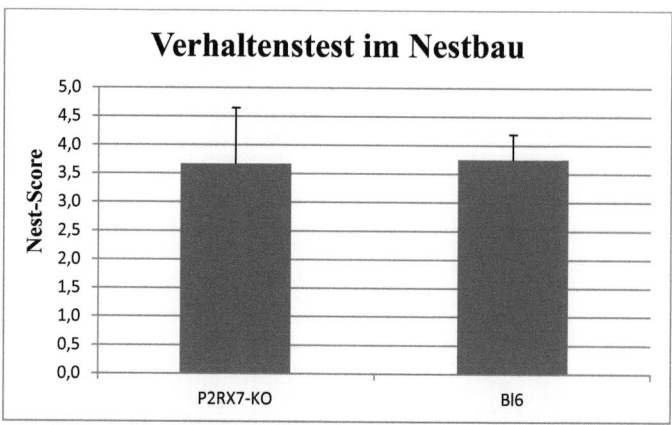

Abb. 34: Bestimmung der Fähigkeit zum Nestbau
Mäuse im Alter von 5 Monaten wurden auf ihre Fähigkeit bezüglich des Nestbaus in einer Dreifachbestimmung
untersucht.

Im Gegensatz zur Qualität des Nestbaus lassen sich jedoch Unterschiede in der
Gewichtskontrolle feststellen. In der Abb. 35 ist das durchschnittliche Gewicht der Mäuse
über den Zeitraum dieser Versuchsreihe in Gramm dargestellt. Zu erkennen ist, dass der KO
ein höheres Gewicht aufweist als der WT. Im Mittel sind die P2RX$_7$(-/-)-Mäuse mit 31,02 g,
bei einer StabW von 0,73, 5,66 g schwerer als die Bl6 Mäuse mit 25,36 g, was einen
Unterschied von 18,24 % entspricht.

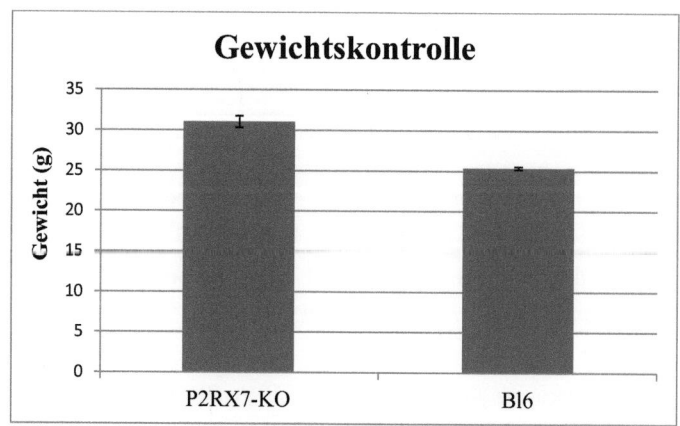

Abb. 35: Gewichtskontrollen der Versuchstiere
Durchschnittliche Gewichtsangabe nach dreimalige Untersuchung der Versuchstiere P2RX$_7$(-/-) und WT Bl6 in
Gramm..

4 Diskussion

Das Verständnis von Prionerkrankungen, welche unter anderem entzündliche Reaktionen im Gehirn hervorrufen, ist zum jetzigen Zeitpunkt noch sehr limitiert. Fest steht jedoch, dass die Ablagerungen des fehlgefalteten Prion-Protein PrP^{Sc} dafür charakteristisch sind. Mit der hier durchgeführten Studie sollte der Rezeptor $P2RX_7$ genauer untersucht und in Folge dessen charakterisiert werden. Als purinerger Rezeptor wird dieser durch das *P2RX7-*Gen kodiert [63] und kommt sowohl im zentralen, als auch im peripheren Nervensystem, in Mikroglia, in Makrophagen und in der Netzhaut vor [64, 65, 66, 67]. Die Aktivierung erfolgt durch das Nukleosidtriphosphat ATP, welches wiederum unterschiedliche intrazelluläre Signale, wie z.b. den Ca^{2+}-Einstrom [68] vermittelt. Im Jahre 2010 erfolgte eine Untersuchung im ZNS [69]. Die Ergebnisse zeigten, dass dieser Rezeptor wichtige Funktionen in Astrozyten und Mikroglia übernimmt. Genauer gesagt, induziert eine Stimulation einen anhaltenden Anstieg der Ca^{2+}-Konzentration. In Astrozyten regulieren purinerge Rezeptoren die Neurotransmission über die Freisetzung von Gliotransmittern. In Mikroglia stimulieren sie die Freisetzung von proinflammatorischen Cytokinen, wie z.b. Interleukin-1 und sind dadurch in Entzündungsprozessen und somit auch in einer Neurodegeneration integriert. Aus diesem Grund üben $P2RX_7$-Rezeptoren nicht nur physiologische Funktionen aus, sondern vermitteln auch den Zelltod. Trotz allen bisherigen Forschungsergebnissen, sind die Mechanismen und die physiologische Signifikanz dieser unüblichen proinflammatorischen Aktivität weiterhin schwer zu erfassen. $P2RX_7$ als ein Aktivator des Inflammasoms, könnte für die Arzneimittelforschung als Entzündungshemmer interessant sein [70].

Für eine weitere Untersuchung dieses Rezeptors wurden $P2RX_7$-defiziente Mäuse entwickelt. In der hier vorliegenden Arbeit wurde in einem zu etablierenden *in-vitro* Modell der Kultivierung von Kleinhirnschnitten der $P2RX_7$ Knock-out mit dem Wildtypen Bl6 verglichen. Es wurde zwischen mit Scrapie infizierten Gehirnschnitten und nicht infizierten unterschieden. Zum einen wurde die Lebensfähigkeit über den Zelltod bestimmt (Kap. 3.2.1) und zum anderen wurde die Prion-Replikation untersucht. Es sollte gezeigt werden, ob das Prion-Protein PrP^{C} in die pathogene Form PrP^{Sc} umgewandelt wurde bzw. ab welchem Zeitpunkt PrP^{Sc} im Western Blot nachweisbar ist (Kap. 3.2.2). Darauf folgend wurden Mikroglia, Astrozyten und Neuronen in diesen Kleinhirnschnitten mittels der Konfokalen Immunofluoreszenz-Mikroskopierung untersucht (Kap. 3.3.1). Der letzte Teil dieser Arbeit umfasste einen Vergleich der Phänotypen von $P2RX_7$-defizienten Tieren und entsprechenden

Bl6 Wildtyp-Kontrollen bzgl. des Körpergewichts und der Nestbau-Aktivität.

4.1 *In-vitro* Analysen im murinen Prionmodell

Eine Aktivierung von Mikroglia und Astrozyten [71, 72, 73] ist eine typische Begleiterscheinung neurodegenerativer Erkrankungen, deren grundlegende Ursachen jedoch immer noch schwer zu erfassen sind [74, 75]: Welche proinflammatorischen Faktoren tragen zu einer neuronalen Dysfunktion und der Degeneration der Nervenzellen im Gehirn bei? Spielt der Rezeptor P2RX$_7$ in diesem Zusammenhang eine Rolle?

Die charakteristische Ablagerung des PK-resistenten PrP^{Sc} in Scrapie-infizierten P2RX$_7$(-/-)-Schnitten war nach ca. drei Wochen im Vergleich zum Wildtypen Bl6 erhöht. Das typische Glykosylierungsmuster in der Positiv-Kontrolle war klar zu erkennen und auch die zelluläre PrP-Fraktion war vollständig durch die Behandlung mit PK verdaut. Zum einen lässt dieses Ergebnis auf den Erfolg der *in-vitro* Infektion schließen und zum anderen kann die Hypothese aufgestellt werden, dass der Rezeptor P2RX$_7$ möglicherweise eine Rolle bei den Vorgängen bzgl. der Degradation von PrP^{Sc} einnimmt und/oder an noch unbekannten Mechanismen zur Umfaltung des zellulären PrPs in die pathogene Form beteiligt ist.

Die Untersuchung der Schnitte im PI-Assay zur Überprüfung der Vitalität, zeigten keine Unterschiede hinsichtlich der Anzahl an toten Zellen zwischen den organotypischen Schnitten. Der P2RX$_7$-Rezeptor scheint somit keinen Einfluss auf die Lebensfähigkeit der Nervenzellen zu haben. Die Zeit als limitierender Faktor könnte jedoch für die Zunahme der Sterberate noch nicht ausgereicht haben.

Interessanterweise entsprachen diese Befunde (verstärkte Ablagerung von PrP^{Sc} ohne sichtbaren Einfluss auf die Vitalität der Neurone) den Ergebnissen, die für die Scrapie-Infektion von P2RX$_7$(-/-)-Mäusen im Vergleich zu Wildtyp-Kontrollen erhalten wurden (Dr. Michael Baier, persönliche Mitteilung). D.h. in diesem *in-vitro* Modell trat, wie in den Schnitten, in Abwesenheit von P2RX$_7$ eine erhöhte Ablagerung von PrP^{Sc} auf, ohne das Unterschiede bei den Überlebenszeiten zwischen den Gruppen zu beobachten gewesen wären. Demzufolge spiegeln die organotypischen Kleinhirnschnitte tatsächlich zumindest einige der Abläufe, die auch *in-vivo* auftreten, korrekt wieder.

Der Befund einer verstärkten Prion-Replikation ohne eine gleichzeitig verstärkte Neurodegeneration in den Scrapie-infizierten P2RX$_7$(-/-)-Kleinhirnschnitten bzw. in den P2RX$_7$(-/-)-Mäusen ist überraschend. Offensichtlich ist eine Zunahme an PrP^{Sc} im Infektionsverlauf nicht der einzige Faktor, der z.B. die Überlebenszeiten bestimmt. Eine ähnliche Beobachtung wurde bereits bei der Analyse der Scrapie-Infektion von CXCR3(-/-)-

Mäusen gemacht [54]. Hier zeigte sich in Abwesenheit dieses Rezeptors ebenfalls eine Verstärkung der PrP^{Sc} Ablagerung, gleichzeitig waren die Überlebungszeiten der Tiere gegenüber den Wildtypkontrollen sogar deutlich verlängert. Offenbar spielen entzündliche Vorgänge, die z.b. über P2RX$_7$ oder auch CXCR3 vermittelt werden, neben den direkten Auswirkungen der Prion-Replikation eine recht große Rolle im Erkrankungsprozess.

Die Untersuchung mittels des PI-Assays erlauben keine Aussagen zur Vermehrung, Aktivierung oder Differenzierung einzelner Zelltypen. Aus diesem Grund wurde die konfokale Immunofluoreszenz-Mikroskopierung durchgeführt. Untersucht wurden dabei die Astrozyten, Mikroglia und Neuronen (Kap. 3.3). Bzgl. der Neuronen ergaben sich keine Unterschiede zwischen infizierten und uninfizierten Schnitten bzw. zwischen den beiden untersuchten Genotypen.

Zahlreiche Studien belegen, dass auch Astrozyten eine Zielzelle der Prion-Replikation sowohl *in-vivo*, als auch *in-vitro* darstellen [76, 77]. Die Anschwellung und das kontinuierliche Absterben der Astrozyten ist unter anderem bei der Erkrankung Kuru beschrieben worden. Dadurch kommt die für die transmissiblen spongiformen Enzephalopathien charakteristisch schwammartige Struktur des Gehirns zu Stande. Astrozyten verlieren im Laufe dieser Erkrankungen ihre unterstützenden Funktionen im ZNS. Trotz dieser Hinweise auf eine Beteiligung der Astrozyten in der Prion-Pathogenese konnten über die GFAP-Färbung keine Unterschiede zwischen infizierten und uninfizierten Schnitten bzw. zwischen den beiden untersuchten Genotypen bzgl. der Astrozyten nachgewiesen werden. Die Mikroglia sind die prinzipiellen Immunzellen im ZNS. Zu ihren Aufgaben gehört unter anderem die Phagozytose von Zellresten abgestorbener Zellen bzw. ganzen apoptotischen Zellen. Als Fresszellen sind sie vermutlich auch an der Beseitigung von Protein-Aggregationen (PrP^{Sc}-Ablagerungen) beteiligt. Möglicherweise liegt in den Scrapie-infizierten Kleinhirnschnitten von P2RX$_7$(-/-)- Mäusen eine etwas andere Verteilung der Iba-1-positiven Mikroglia als in den infizierten Wildtyp-Kontrollen vor (Abb. 30). Dies könnte auf eine Reaktion der Mikroglia auf die, wie erwähnt, verstärkte PrP^{Sc}-Ablagerung in diesen Schnitten hinweisen.

4.2 Charakterisierung von P2RX$_7$(-/-)- und Bl6-Mäusen

Abschließend sollte in der vorliegenden Arbeit ein Vergleich der Phänotypen von P2RX$_7$(-/-)- und Bl6-Mäusen bzgl. der Nestbau-Aktivität und des Körpergewichts durchgeführt werden. Die Ergebnisse bzgl. der Nestbau-Aktivität zeigten, dass keine Unterschiede zwischen 5- Monate alten P2RX$_7$(-/-)- und Bl6-Mäusen auftraten (Abb. 33, 34). Es würde sich anbieten, diese Untersuchung auch mit älteren Mäusen durchzuführen. Zunächst deuten die Ergebnisse jedoch darauf hin, dass in diesem Test die P2RX$_7$-Defizienz nicht mit Verhaltensbeeinträchtigungen verbunden ist.

Der Vergleich der Körpergewichte zeigte überraschenderweise ein deutlich höheres Durchschnittsgewicht (+18,24 %) in der P2RX$_7$(-/-)-Gruppe gegenüber den Kontrollen. Es ist momentan nicht bekannt, ob dieser Unterschied auf eine veränderte Appetit-Regulation und/oder auf eine veränderte Stoffwechsel-Aktivität zurückzuführen ist. Interessanterweise gehen beim Menschen bestimmte Nukleotidvarianten des *P2RX$_7$*-Gens mit einem erhöhten Risiko für Depressionen einher [78, 79], für die wiederum Appetitlosigkeit eines der typischen Merkmale ist. D.h. es könnte tatsächlich sein, dass P2RX$_7$ an der Appetit-Regulation beteiligt ist.

5 Zusammenfassung / Ausblick

In der vorliegenden Arbeit wurde die Kultivierung von organotypischen Kleinhirnschnitten etabliert. Dieses Zellkulturmodell wurde anschließend eingesetzt, um eine Prion-Infektion *in-vitro* nachzuvollziehen. Der Vergleich von Schnitten von $P2RX_7$(-/-)- und Wildtyp-Mäusen sollte dabei außerdem Hinweise ergeben, ob der ATP-Rezeptor $P2RX_7$ eine Rolle in der Scrapie-Pathogenese spielt.

Die zum Nachweis der Prion-Replikation durchgeführten Western Blots zeigten eine vermehrte PrP^{Sc}-Ablagerung in $P2RX_7$(-/-)-Schnitten an. Möglicherweise spielt der Rezeptor $P2RX_7$ eine Rolle bei den Vorgängen bzgl. der Degradation von PrP^{Sc} und/oder ist an noch unbekannten Mechanismen zur Umfaltung des zellulären PrPs in die pathogene Form beteiligt. Weiterhin zeigten sich Unterschiede bzgl. der Mikrogliose im Vergleich der Schnitte, was auf die stärkere Belastung der infizierten $P2RX_7$(-/-)-Schnitte mit PrP^{Sc} zurückzuführen sein könnte. Bzgl. der Astrozyten und Neuronen, sowie der generellen Vitalität der Schnitte (PI-Assay) zeigten sich keine Unterschiede.

Außerdem wurde ein Vergleich der Phänotypen von $P2RX_7$(-/-)- und Bl6-Mäusen bzgl. der Nestbau-Aktivität und des Körpergewichts durchgeführt. Die Nestbau-Aktivität war zwischen den Gruppen unverändert. Der Vergleich der Körpergewichte zeigte überraschenderweise ein deutlich höheres Durchschnittsgewicht (+18,24%) in der $P2RX_7$(-/-)-Gruppe gegenüber den Kontrollen. Es ist momentan nicht bekannt, ob dieser Unterschied auf eine veränderte Appetit-Regulation und/oder auf eine veränderte Stoffwechsel-Aktivität zurückzuführen ist. Dies müsste in weiterführenden Untersuchungen abgeklärt werden.

In Verbindung mit den Ergebnissen zur Scrapie-Infektion von $P2RX_7$(-/-)-Mäusen zeigte sich, dass die organotypischen Kleinhirnschnitte zumindest die verstärkte PrP^{Sc}-Ablagerung im $P2RX_7$(-/-)-Hirngewebe bestätigen konnten und damit ein geeignetes *in-vitro* Alternativmodell für die *in-vivo* Infektion von Mäusen geschaffen werden konnte.

6 Summary / Outlook

In the present work, the cultivation of organotypic cerebellar slices was established. This cell culture model was used to reproduce a prion infection *in-vitro*. The comparison of tissue of P2RX$_7$(-/-)- and wildtype-mice should result in insight, whether the ATP-receptor P2RX$_7$ plays a role in scrapie pathogenesis.

For the detection of prion-replication Western blots were performed. These showed an increased PrP^{Sc}-deposition in P2RX$_7$(-/-)-tissue. Perhaps the P2RX$_7$-receptor plays a role in the processes concerning the degradation of PrP^{Sc} and/or is involved in unknown mechanisms for refolding of the cellular PrP into the pathogenic form. Furthermore, differences were showed regarding the micro gliosis. This is due to the increased burden of infected P2RX$_7$(-/-)-tissue with PrP^{Sc}. Regarding of astrocytes and neurons, as well as the general vitality of the tissue (PI-assay) no differences are shown.

Furthermore, a comparison was made of the phenotypes P2RX$_7$(-/-)- and Bl6-mice. The nesting-activity and the boby weight was examines. The nest-building activity was unchanged between the groups. The comparison of body weights showed surprisingly a significantly higher average weight (+18.24%) in the P2RX$_7$(-/-) group. At this moment it is not known whether this difference is due to a change in appetite regulation and/or an altered metabolic activity. This should be clarified in further studies.

In conjunction with the results of scrapie infection of P2RX$_7$(-/-)-mice showed that the organotypic cerebellar tissue increased PrP^{Sc} deposition in P2RX$_7$(-/-) were able to confirm brain tissue. Thus, a suitable *in-vitro* alternative model for the *in-vivo* infection of mice was established.

7 Literaturverzeichnis

1. Creutzfeld, H.G., *Über eine eigenartige herdförmige Erkrankung des Zentralnervensystems.* Z Ges Neurol Psychiatr, 1920. **57**: p. 1 - 18.

2. Jakob, A., *Über eigenartige Erkrankungen des Zentralnervensystems mit bemerkenswertem anatomischem Befunde (spastische Pseudosklerose-Encephalomyelopathie mit disseminierten Degenerationsherden).* Dtsch Z Nervenheilkd, 1921. **70**: p. 132 – 146.

3. Wells, G.A.H., Scott, A.C., Johnson, C.T., Gunning, R.F., Hancock, R.D., Jeffrey, M., et al., *A novel progressive spongiform encephalopathy.* Vet Rec, 1987. **121**: p. 419 – 420.

4. Bundesministerium für Bildung und Forschung, *Komplexe Schaltzentrale des Organismus.* [Online]. Verfügbar unter: http://www.gesundheitsforschung-bmbf.de/de/erkrankungen-des-gehirns.php [02.10.2013].

5. Bundesministerium für Bildung und Forschung, *„Was mit den Nerven".* [Online]. Verfügbar unter: http://www.gesundheitsforschung-bmbf.de/de/erkrankungen-des-gehirns.php [02.10.2013].

6. Mackenzie, I.R., et al., *Nomenclature and nosology for neuropathologic subtypes of frontotemporal lobar degeneration: an update.* Acta neuropathologica, 2010. **119**: p. 1 – 4.

7. Reith, W., *Neurodegenerative Erkrankungen.* [Online]. Klinik für Diagnostische und Interventionelle Neuroradiologie, Universitätsklinikum des Saarlandes. Verfügbar unter: http://radiologie-uni-frankfurt.de/content/index_ger.html [04.10.2013].

8. Bundesministerium für Familie, Senioren, Frauen und Jugend, *Gesellschaft und Demenz.* [Online]. Verfügbar unter: http://www.wegweiser-demenz.de/gesellschaft-und-demenz.html [07.10.2013].

9. Prusiner, S.B., *Prions.* Proc Natl Acad Sci USA, 1998. **95** (23): p. 13363 – 13383.

10. Universitätsmedizin Göttingen, *CJK und Prionerkrankungen.* Eine Informationsbroschüre.

11. Beck, E., Daniel, P.M., *Degenerative diseases of the central nervous system transmissible to experimental animals.* Postgrad. Med. J., 1969. **45**: p. 361 – 370.

12. Gibbs, C.J., Gajdusek, D.C., Asher, D.M., Alpers, M.P., Beck, E., Daniel, P.M., Matthews, W.B., *Creutzfeldt-Jakob-disease (spongiform encephalopathy): transmission to the chimpanzee.* Science, 1968. **161**: p. 388 – 389.

13. Prusiner, S.B., *Novel proteinaceous infectious particles cause scrapie.* Science, 1982. **216** (4542): p. 136 – 144.

14. Alzheimer, A., *Über eine eigenartige Erkrankung der Hirnrinde.* Allgemeine Zeitschrift für Psychiatrie, 1907. **64**: p. 146 – 148.

15. Palop, J.J., Chin, J., Mucke, L., *A network dysfunction perspective on neurodegenerative diseases.* Nature, 2006. **443** (7113): p. 768 – 773.

16. Wimo, A., Prince, M., *World Alzheimer Report 2010 – The Global Economic Impact of Dementia, Alzheimer's Disease International*, in Alzheimer's Disease International, 2010.

17. Grundke-Iqbal, I., et al., *Microtubule-associated protein tau. A component of Alzheimer paired helical filaments.* J Biol Chem, 1986. **261** (13): p. 6084 – 6089.

18. Hardy, J.A., Higgins, G.A., *Alzheimer's disease: the amyloid cascade hypothesis.* Science, 1992. **256** (5054): p. 184 – 185.

19. O'Brien, R.J., Wong, P.C., *Amyloid precursor protein processing and Alzheimer's disease.* Annu Rev Neurosci, 2011. **34**: p. 185 – 204.

20. Hardy, J., Selkoe, D.J., *The amyloid hypothesis of Alzheimer's disease: progress and problems on the road to therapeutics.* Science, 2002. **297** (5580): p. 353 – 356.

21. Bentahir, M., et al., *Presenilin clinical mutations can affect γ-secretase activity by different mechanisms.* Journal of Neurochemistry, 2006. **96**: p. 732-742.

22. Van Dam, D., De Deyn, P.P., *Drug discovery in dementia: the role of rodent models.* Nat Rev Drug Discov, 2006. **5** (11): p. 956 – 970.

23. Westaway, D., Jhamandas, J.H., *The P's and Q's of cellular PrP-Abeta interactions.* Prion, 2012. **6** (4).

24. Lauren, J., et al., *Cellular prion protein mediates impairment of synaptic plasticity by amyloid-beta oligomers.* Nature, 2009. **457** (7233): p. 1128 – 1132.

25. Cisse, M., Mucke, L., *Alzheimer's disease: A prion protein connection.* Nature, 2009. **457** (7233): p. 1090 – 1091.

26. Calella, A.M., et al., *Prion protein and Abeta-related synaptic toxicity impairment.* EMBO Mol Med, 2010. **2** (8): p. 306 – 314.

27. You, H., et al., *Abeta neurotoxicity depends on interactions between copper ions, prion protein, and N-methyl-D-aspartate receptors.* Proc Natl Acad Sci U S A, 2012. **109** (5): p. 1737 – 1742.

28. Burnstock, G., Kennedy, C., *Is there a basis for distinguishing two types of P2-purinoceptor?* Gen Pharmacol., 1985. **16** (5): p. 433 – 440.

29. Valera, S., et al., *A new class of ligand-gated ion channel defined by P2x receptor for extracellular ATP*. Nature, 1994. **371** (6497).

30. Newbolt, A., et al., *Membrane topology of an ATP-gated ion channel (P2X receptor)*. J Biol Chem., 1998. **273** (24).

31. Brake, A.J., Wagenbach, M.J., Julius, D., *A new structural motif for ligand-gated ion channels defined by ionotropic ATP receptor*. Nature, **371**: p. 519 – 523.

32. Ennion, S., Hagan, S., Evans, R.J., *The role of positively charged amino acids in ATP recognition by human P2X(1) receptors*. J Biol Chem., 2000. **275** (38).

33. Buell, G., et al., *An antagonist-insensitive P2X receptor expressed in epithelia and brain*. EMBO Journal, 1996. **15**: p. 55 – 62.

34. Garcia-Guzman, M., et al., *Characterization of recombinant human P2X4 receptor reveals pharmacological differences to the rat homologue*. Mol Pharmacol, 1997. **51** (1): p. 109 – 118.

35. Clarke, C.E., et al., *Mutation of histidine 286 of the human P2X₄ purinoceptor removes extracellular pH sensitivity*. The Journal of Physiology, 2000. **523**: p. 697 – 703.

36. Solle, M., et al., *Altered Cytokine Production in Mice Lacking P2X7 Receptors*. The Journal of Biological Chemistry, 2001. **276** (1): p. 125 – 132.

37. Gogolla, N., et al., *Preparation of organotypic hippocampal slice cultures for long-term live imaging*. Nat Protoc, 2006. **1** (3): p. 1165 – 1171.

38. Gahwiler, B.H., et al., *Organotypic slice cultures: a technique has come of age*. Trends Neurosci, 1997. **20**: p. 471 – 477.

39. De Paola, V., Arber, S., Caroni, P., *AMPA receptors regulate dynamic equilibrium of presynaptic terminals in mature hippocampal networks*. Nature Neurosci, 2003. **6**: p. 491 – 500.

40. Galimberti, I., et al., *Long-term rearrangements of hippocampal mossy fiber terminal connectivity in the adult regulated by experience*. Neuron, 2006. **50**: p. 749 – 763.

41. Caroni, P., *Overexpression of growth-associated proteins in the neurons of adult transgenic mice*. J. Neurosci. Methods, 1997. **71**: p. 3 – 9.

42. Feng, G., et al., *Imaging neuronal subsets in transgenic mice expressing multiple spectral variants of GFP*. Neuron, 2000. **28**: p. 41 – 51.

43. Dailey, M.E., Waite, M., *Confocal imaging of microglial cell dynamics in hippocampal slice cultures*. Methods, 2000. **18**: p. 222 – 230.

44. Lo, D.C., McAllister, A.K., Katz, L.C., *Neuronal transfection in brain slices using particle-mediated gene transfer.* Neuron, 1994. **13**: p. 1263 – 1268.

45. Benediktsson, A.M., Schachtele, S.J., Green, S.H., Dailey, M.E., *Ballistic labeling and dynamic imaging of astrocytes in organotypic hippocampal slice cultures.* J. Neurosci. Methods, 2005. **141**: p. 41 – 53.

46. Ehrengruber, M.U., et al., *Recombinant Semliki Forest virus and Sindbis virus efficiently infect neurons in hippocampal slice cultures.* Proc. Natl. Acad. Sci. USA, 1999. **96**: p. 7041 – 7046.

47. Miyaguchi, K., Maeda, Y., Kojima, T., Setoguchi, Y., Mori, N., *Neuron-targeted gene transfer by adenovirus carrying neural-restrictive silencer element.* Neuroreport, 1999. **10**: p. 2349 – 2353.

48. Zimmermann, T., *Establishment of the Organotypic Slice Culture Assay as a Model for Neurodegenerative Diseases.* Diploma Thesis, Robert Koch-Institut, 2012.

49. Bruce, A.J., et al., *Development of kainic acid and N-methyl-D-aspartic acid toxicity in organotypic hippocampal cultures.* Exp Neurol, 1995. **132** (2): p. 209 – 219.

50. Stoppini, L., Buchs, P.A., Muller, D., *A simple method for organotypic cultures of nervous tissue.* J Neurosci, Methods, 1991. **37** (2): p. 173 – 182.

51. Krassioukov, A.V., et al., *An in vitro Model of neurotrauma in organotypic spinal cord cultures from adult mice.* Brain Res Protoc, 2002. **10** (2): p. 60 – 68.

52. Macklis, J.D., Madison, R.D., *Progressive incorporation of Propidium iodide in cultured mouse neurons correlates with declining electrophysiological status: a fluorescence scale of membrane integrity.* J Neurosci, Methods, 1990. **31** (1): p. 43 – 46.

53. Falsig, J., Aguzzi, A., *The prion organotypic slice culture assay—POSCA.* Nat. Protoc, 2008. **3** (4): p. 555 – 562.

54. Riemer, C., et al., *Accelerated prion replication in, but prolonged survival times of, prion-infected CXCR3-/- mice.* J Virol, 2008. **82** (24): p. 12464 – 12471.

55. Holtzhauer, M., *Biochemische Labormethoden.* Springer Verlag, Berlin, 2009. 3: p. 51.

56. Hoppe, T., *Untersuchungen zur Entwicklungsphysiologie und molekularen Phylogenetik ausgewählter Vertreter der Myxomyceten und zur Phototsynthese fähiger Eugleniden (Organismenreich Protoctista).* University Press, Kassel, 2010. P. 32.

57. Smith, P.K., et al., *Measurement of protein using bicinchoninic acid.* Anal Biochem, 1985. **150** (1): p. 76 – 85.

58. Laemmli, U.K., *Cleavage of structural proteins during the assembly of the head of bacteriophage T4.* Nature, 1970. **227** (5259): p. 680 – 685.

59. Invitrogen, *MagicMark™ XP Western Protein Standard.* Part No. LC5600.pps, 2010.

60. Vinet, J., et al., *Expression of CXCL10 in cultured cortical neurons.* J Neurochem, 2010. **112** (3): p. 703 – 714.

61. Deacon, R.M., *Assessing nest building in mice.* Nat Protoc, 2006. **1** (3): p. 1117 – 1119.

62. Manuelidis, L., Valley, S., Manuelidis, E.E., *Specific proteins associated with Creutzfeldt-Jakob disease and scrapie share antigenic and carbohydrate determinants.* Proc Natl Acad Sci USA, 1985. **82** (12): p. 4263 – 4267.

63. Buell, G., N., et al., *Gene structure and chromosomal localization of the human P2X7 receptor.* Receptors Channels, 1999. **5** (6): p. 347–354.

64. Deuchars, S., A., et al., *Neuronal P2X7 receptors are targeted to presynaptic terminals in the central and peripheral nervous systems.* J. Neurosci., 2001. **21** (18): p. 7143–7152.

65. Collo, G., et al., *Tissue distribution of the P2X7 receptor.* Neuropharmacology, **1997**. **36** (9): p. 1277–1283.

66. Slater, N., M., Barden, J., A., Murphy, C., R., *Distributional changes of purinergic receptor subtypes (P2X 1-7) in uterine epithelial cells during early pregnancy.* Histochem. J., 2000. **32** (6): p. 365–372.

67. Ishii, K., et al., *Neuron-specific distribution of P2X7 purinergic receptors in the monkey retina.* J. Comp. Neurol., 2003. **459** (3): p. 267–277.

68. Takenouchi, T., et al., *The role of the P2RX7 receptor signaling pathway for the release of autolysosomes in microglial cells.* Landes Bioscience, 2009. **5** (5): p. 723 – 724.

69. Sun, S., H., *Roles of P2RX7 Receptor in Glial and Neuroblastoma Cells: The Therapeutic Potential of P2X7 Receptor Antagonists.* Molecular Neurobiology, 2010. **41**: p. 351 – 355.

70. Di Virgilio, F., *Liaisons dangereuses: P2X7 and the inflammasome.* Pharmacological Sciences, Review, 2007. **28** (9)

71. Williams, A., E., et al., *Characterization of the microglial response in murine scrapie.* Neuropathol. Appl. Neurobiol, 1994. **20**: p. 47 – 55.

72. Riemer, C., et al., *Identification of upregulated genes in scrapie-infected brain tissue.* J. Virol., 2000. **74**: p. 10245 – 10248.

73.   Meda, L., Baron, P., Scarlato, G., *Glial activation in Alzheimer's disease: the role of Aβ and its associated proteins.* Neurobiol. Aging, 2001. **22**: p. 885 – 893.

74.   Chesebro, B., *Prion protein and the transmissible spongiform encephalopathy diseases.* Neuron, 1999. **24**: p. 503 – 506.

75.   Prusiner, S., B., *Prions.* Proc. Natl. Acad. Sci. USA, 1998. **95**: p. 13363 – 13383. Weissmann, C., *The state of the prion.* Nat. Rev. Microbiol., 2004. **2**: p. 861 – 871.

76.   Cronier, S., Laude, H., Peyrin, J., M., *Prions can infect primary cultured neurons and astrocytes and promote neuronal cell death.* Proc. Natl. Acad. Sci. USA, 2004. **101**: p. 12271 – 12276.

77.   Diedrich, J., F., et al., *Scrapie-associated prion protein accumulates in astrocytes during scrapie infection.* Proc. Natl. Acad. Sci. USA, 1991. **88**: p. 375 – 379.

78.   Heijas, K., et al., *Association between depression and the Gln460Arg polymorphism of P2RX7 gene: a dimensional approach.* Am J Med Genet B Neuropsychiatr Genet., 2009. **150B** (2): p. 295-299.

79.   Nagy, G., et al., *P2RX7 Gln460Arg polymorphism is associated with depression among diabetic patients.* Prog Neuropsychopharmacol Biol Psychiatry, 2008. **32** (8): p. 1884 – 1888.

8 Anhang

Tab. 12: Übersicht untersuchten Mäuse mit B6.129P2-P2rx7^{tm1Gab} Hintergrund

	geboren	gepräpt	Mikroskopierung	Kultivierung	1. Tier	2. Tier	3. Tier	4. Tier	Alter
P2RX₇	01.02.2013	12.02.2013	22.02.2013	10 Tage			kultiviert		21 Tage
		11 Tage	01.03.2013	17 Tage		kultiviert			28 Tage
			08.03.2013	24 Tage	S/N				35 Tage
	10.02.2013	20.02.2013	08.03.2013	16 Tage	kultivierung/S/N	kultivierung			26 Tage
		10 Tage	14.03.2013	22 Tage		S			32 Tage
			20.03.2013	28 Tage			kultiviert	kultiviert	38 Tage
	20.02.2013	04.03.2013	19.03.2013	15 Tage	kultiviert				27 Tage
		12 Tage	27.03.2013	23 Tage	kultiviert	kultiviert/S/N	S/N + S/N		35 Tage
			02.04.2013	29 Tage				kultiviert	41 Tage
			09.04.2013	36 Tage				kultiviert	48 Tage
	13.03.2013	25.03.2013	02.04.2013	8 Tage			kultiviert/S/N		20 Tage
		12 Tage	11.04.2013	17 Tage	kultiviert/S/N				29 Tage
			17.04.2013	23 Tage		kultiviert/S/N			35 Tage
			25.04.2013	31 Tage				kultiviert/S/N	43 Tage
	01.04.2013	12.04.2013	25.04.2013	13 Tage				S/N	24 Tage
		11 Tage	02.05.2013	20 Tage		kultiviert/S/N			31 Tage
	18.04.2013	29.04.2013	06.05.2013	7 Tage	kultiviert/S/N				18 Tage
		11 Tage	13.05.2013	14 Tage			kultiviert/S/N		25 Tage
			21.05.2013	22 Tage		kultiviert/S/N			33 Tage
			27.05.2013	28 Tage				kultiviert/S/N	39 Tage
	21.04.2013	03.05.2013	15.05.2013	12 Tage			kultiviert/S/N		24 Tage
		12 Tage	22.05.2013	19 Tage	kultiviert/S/N				31 Tage
			29.05.2013	26 Tage		kultiviert/S/N			38 Tage
			05.06.2013	33 Tage				kultiviert/S/N	45 Tage
	24.05.2013	04.06.2013	12.06.2013	8 Tage	kultiviert/S/N				19 Tage
		11 Tage	20.06.2013	16 Tage		kultiviert/S/N			27 Tage
			26.06.2013	22 Tage			kultiviert/S/N		33 Tage
			03.07.2013	29 Tage				kultiviert/S/N	40 Tage

S: *in-vitro* Infektion mit Scrapie

N: nicht infizierter Gehirnschnitt

Kultiviert: unbehandelte *in-vitro* Schnitte

Tab. 13: Übersicht der untersuchten Mäuse mit C57BL/6 Hintergrund

	geboren	gepräpt	Mikroskopierung	Kultivierung	1. Tier	2. Tier	3. Tier	4. Tier	Alter
BL6	29.01.2013	11.02.2013	07.03.2013	24 Tage	kultiviert	/	kultiviert		37 Tage
		13 Tage							
	22.02.2013	05.03.2013	14.03.2013	9 Tage		kultiviert			20 Tage
		11 Tage	19.03.2013	14 Tage	kultiviert	kultiviert	kultiviert/S/N		25 Tage
			28.03.2013	23 Tage	kultiviert/S/N	kultiviert	kultiviert		34 Tage
			02.04.2013	28 Tage		kultiviert			39 Tage
			09.04.2013	35 Tage		kultiviert			46 Tage
	13.03.2013	26.03.2013	03.04.2013	9 Tage	kultiviert/S/N				22 Tage
		13 Tage	11.04.2013	16 Tage		kultiviert/S/N			29 Tage
			17.04.2013	22 Tage			kultiviert/S/N		35 Tage
			25.04.2013	30 Tage				kultiviert/S/N	43 Tage
	29.03.2013	11.04.2013	17.04.2013	7 Tage				kultiviert/S/N	20 Tage
		13 Tage	25.04.2013	14 Tage			kultiviert/S/N		27 Tage
			02.05.2013	21 Tage	kultiviert/S/N				34 Tage
			08.05.2013	27 Tage		kultiviert/S/N			40 Tage
	13.04.2013	24.04.2013	02.05.2013	8 Tage	kultiviert/S/N				19 Tage
		11 Tage	08.05.2013	14 Tage		kultiviert/S/N			25 Tage
			15.05.2013	21 Tage			kultiviert/S/N		32 Tage
			22.05.2013	28 Tage	kultiviert/S/N				39 Tage
	06.05.2013	16.05.2013	24.05.2013	8 Tage				kultiviert/S/N	18 Tage
		10 Tage	30.05.2013	14 Tage	kultiviert/S/N				24 Tage
			06.06.2013	21 Tage			kultiviert/S/N		31 Tage
			13.06.2013	28 Tage		kultiviert/S/N			38 Tage
	11.05.2013	23.05.2013	30.05.2013	7 Tage				kultiviert/S/N	19 Tage
		12 Tage	06.06.2013	14 Tage	kultiviert/S/N				26 Tage
			13.06.2013	21 Tage			kultiviert/S/N		33 Tage
			19.06.2013	27 Tage		kultiviert/S/N			39 Tage

S: *in-vitro* Infektion mit Scrapie

N: nicht infizierter Gehirnschnitt

Kultiviert: unbehandelte *in-vitro* Schnitte

Printed by Books on Demand GmbH, Norderstedt / Germany